Neil deGrasse Tyson

DAS UNIVERSUM FÜR EILIGE

Aus dem Englischen von
Hans-Peter Remmler

Carl Hanser Verlag

Kapitel, die für diese Ausgabe aus den »Universe«-Aufsätzen des *Natural History* Magazins adaptiert wurden: Kapitel 1: März 1998 und September 2003; Kapitel 2: November 2000; Kapitel 3: Oktober 2003; Kapitel 4: Juni 1999; Kapitel 5: Juni 2006; Kapitel 6: Oktober 2002; Kapitel 7: Juli/August 2002; Kapitel 8: März 1997; Kapitel 9: Dezember 2003/Januar 2004; Kapitel 10: Oktober 2001; Kapitel 11: Februar 2006; Kapitel 12: April 2007.

Titel der Originalausgabe:
Astrophysics for People in a Hurry.
New York/London,
W. W. Norton & Company 2017

4. Auflage 2021

ISBN 978-3-446-25835-8

Umschlag: Anzinger & Rasp/Marion Blomeyer, München.
Foto: Miller Mobley/AUGUST
Satz im Verlag
Druck und Bindung: CPI books GmbH, Leck
Printed in Germany

FSC
www.fsc.org
MIX
Papier aus verantwortungsvollen Quellen
FSC® C083411

Für alle, die für dicke Wälzer keine Zeit,
aber trotzdem Interesse daran haben,
was außerhalb unserer Erde so alles los ist

INHALT

VORWORT

Seit einigen Jahren vergeht kaum eine Woche ohne eine Entdeckung kosmischen Ausmaßes, die es in die Schlagzeilen schafft – zuletzt, im Oktober 2017, das Echo einer gigantischen Explosion zweier 130 Millionen Lichtjahre entfernter Sterne. Die wachsende mediale Präsenz liegt daran, dass die Öffentlichkeit einfach immer mehr über Naturwissenschaften erfahren will. Dafür spricht eine ganze Menge: Fernsehshows mit naturwissenschaftlichem Bezug, Science-Fiction-Filme mit berühmten Schauspielern und namhaften Produzenten und Regisseuren sind Kassenschlager im Kino, Filmbiografien bedeutender Wissenschaftler haben sich fast schon zu einem eigenständigen Genre entwickelt. Auch Wissenschaftsfestivals, Science-Fiction-Kongresse und wissenschaftliche Dokumentationen im Fernsehen erfreuen sich weltweit großen Interesses. Und: Der erfolgreichste Film aller Zeiten spielt auf einem Planeten, der einen fernen Stern umkreist. In der Hauptrolle: eine Astrobiologin.

Die meisten Zweige der Wissenschaft haben sich in unserer Ära weiterentwickelt, keine jedoch so stark wie die Astrophysik. Und ich glaube, ich weiß, warum. Irgendwann im Leben hat jeder von uns einmal den Blick zum Nachthimmel gerichtet und sich gefragt: Was hat das alles zu bedeuten? Wie funktioniert das alles? Und wo ist eigentlich mein Platz im Universum?

Wenn Sie zu beschäftigt sind, um sich mit Fachliteratur, Dokumentarfilmen oder der Volkshochschule dem Kosmos anzunähern, aber trotzdem gerne eine kurze, aussagekräftige Einführung in das Thema hätten, wäre hier mein Angebot: *Das Universum für Eilige*. In diesem kleinen Bändchen erfahren Sie alles, was Sie über die wichtigsten Ideen und Entdeckungen wissen müssen, die unser heutiges Verständnis des Universums ausmachen. Wenn alles gut geht, werden Sie auf meinem Fachgebiet jederzeit mitreden können, und vielleicht bekommen Sie sogar Appetit auf mehr.

Das Universum steht nicht in der Pflicht,
für uns irgendeinen Sinn zu ergeben.
–NDT

1.

DIE GRÖẞTE GESCHICHTE ALLER ZEITEN

Die Welt besteht schon gar viele Jahre,
von Urkräften ehedem füglich in ihren
Lauf gesetzt. Aus diesen Kräften
geht alles andere hervor.
Lukrez, ca. 50 v. Chr.

Am Anfang, vor fast 14 Milliarden Jahren, nahmen der gesamte Raum, die gesamte Materie und die gesamte Energie des bekannten Universums weniger als ein Billionstel der Größe des Punkts ein, der am Ende dieses Satzes steht.

Es herrschte eine solche Hitze, dass die Grundkräfte der Natur, die in ihrer Gesamtheit das Universum beschreiben, zu einem einheitlichen Ganzen verschmolzen waren. Noch wissen wir nicht, wie dieser unvorstellbar winzige Kosmos entstanden ist, klar ist jedoch: Er konnte nur expandieren – und zwar schnell. Diese Expansion kennen wir heute als Urknall.

Einsteins Allgemeine Relativitätstheorie aus dem Jahr 1916 begründet unser modernes Verständnis der Gravitation, wonach das Vorhandensein von Materie und Energie eine Krümmung des Raum-Zeit-Gefüges bewirkt. In den

1920er-Jahren wurde die Quantenmechanik entdeckt, die unsere moderne Vorstellung von allem prägt, was extrem klein ist: Moleküle, Atome, subatomare Partikel. Diese beiden Vorstellungen von der Natur sind formal allerdings nicht kompatibel. Und so begann ein Wettlauf der Physiker, wie die Theorie des Kleinen mit der Theorie des Großen zu einer einzigen kohärenten Theorie der Quantengravitation zusammenzuführen sei. Wir sind noch nicht über die Ziellinie, wissen aber immerhin, wo die Knackpunkte sind. Einer davon liegt in der »Planck-Ära« des frühen Universums. Dabei geht es um das Zeitintervall von $t = 0$ bis $t = 10^{-43}$ Sekunden (ein Zehnseptillionstel einer Sekunde oder: 0,0000 000000000000000000000000000000000000000001 Sekunden) nach dem Anfang, und bevor das Universum auf einen Durchmesser von 10^{-35} Meter (ein Hundertquintilliardstel eines Meters oder: 0,00000000000000000000 000000000000001 Meter) angewachsen war. Der deutsche Physiker Max Planck, nach dem diese unvorstellbar winzigen Größen benannt sind, führte im Jahr 1900 die Idee der quantisierten Energie ein und gilt allgemein als Vater der Quantenmechanik.

Der Widerstreit zwischen Gravitation und Quantenmechanik stellt für das Universum unserer Tage kein praktisches Problem dar. Astrophysiker wenden die Methoden und Werkzeuge der Allgemeinen Relativitätstheorie und der Quantenmechanik auf höchst unterschiedliche Problemfelder an. Aber am Anfang, in der Planck-Ära, war das Große noch klein, und wir haben den Verdacht, dass zwischen den beiden eine Art Zwangsehe geschlossen wurde. Allein, die bei dieser Zeremonie ausgetauschten Gelübde blieben uns bisher verborgen, deshalb gibt es keine (bekannten) Gesetze der Physik, die halbwegs verlässlich beschreiben könnten, was genau im Universum während dieses Zeitraums vorging.

Dennoch gehen wir davon aus, dass sich zum Ende der Planck-Ära die Gravitation von den anderen, nach wie vor vereinten Kräften der Natur zu lösen vermochte und eine eigenständige Identität erlangte, wie sie unsere gegenwärtigen Theorien trefflich beschreiben. Im Verlauf seiner »Alterung« bis 10^{-35} Sekunden dehnte sich das Universum weiter aus und schwächte dabei alle Energiekonzentrationen ab. Was von den vereinten Urkräften übrig war, teilte sich in die »elektroschwache Kraft« und die »starke Kernkraft« auf. Noch etwas später spaltete sich die elektroschwache Kraft in die elektromagnetische Kraft und die »schwache Kernkraft« auf. Und damit haben wir die vier kosmischen Grundkräfte, die wir alle kennen und schätzen: Die schwache Kernkraft steuert den radioaktiven Zerfall, die starke Kernkraft bindet den Atomkern, die elektromagnetische Kraft bindet die Moleküle, und die Schwerkraft bindet feste Materie.

▪

Seit dem Anfang ist eine billionstel Sekunde vergangen.

▪

Die Wechselwirkung zwischen Materie, in Form subatomarer Teilchen, und Energie, in Form von Photonen (masselose Teilchen, die die Energie des Lichts transportieren und gleichermaßen als Welle und als Partikel betrachtet werden können), ging derweil unablässig weiter. Das Universum war so heiß, dass die Photonen ihre Energie spontan in Materie-Antimaterie-Partikelpaare umwandeln konnten. Die löschten sich sofort wieder gegenseitig aus und wandelten sich in Energie in Form neuer Photonen um. Ja, Antimaterie gibt es wirklich. Und wir haben sie entdeckt, nicht Science-Fiction-Autoren. Einstein beschreibt diese wundersamen Wandlungen umfassend in seiner berühmtesten Gleichung: $E = mc^2$. Sie sagt uns auf ganz einfache Weise, wie viel Materie unsere Energie und wie viel Energie unsere Materie wert ist. Das c^2 ist die Lichtgeschwindigkeit zum Quadrat – eine gewaltige Zahl, die uns, wenn man sie mit der Masse multipliziert, vor Augen führt, wie viel Energie bei der Übung am Ende herauskommt.

Kurz vor, während und nach der Trennung der starken von der elektroschwachen Kraft war das Universum eine brodelnde Brühe aus Quarks, Leptonen und deren Geschwistern im Reich der Antimaterie. Dazu kamen noch Bosonen, jene Teilchen, die die Interaktionen der anderen erst ermöglichen. Von keiner dieser Teilchenfamilien nimmt man an, dass sie in etwas noch Kleineres oder Elementareres aufgeteilt werden könnte. Trotzdem tritt jede davon in mehreren Varietäten auf. Das handelsübliche Photon gehört zur Familie der Bosonen. Die für Nichtphysiker am ehesten vertrauten Leptonen sind das Elektron und vielleicht noch das Neutrino; und die geläufigsten Quarks ... gut, zugegeben, wirklich geläufige Quarks gibt es nicht. Jeder ihrer sechs Unterarten verpasste man einen abstrakten Namen, der keinerlei philologischen, philosophischen oder pädagogischen Zweck erfüllt, außer eben dem, sie von den jeweils anderen Unterarten zu unterscheiden: So gibt es *Up*- und *Down*-Quarks, *Strange*- und *Charm*-Quarks und *Top*- und *Bottom*-Quarks.

Bosonen sind, nebenbei bemerkt, nach dem indischen Wissenschaftler Satyendra Nath Bose benannt. Der Begriff »Lepton« leitet sich vom griechischen Wort *leptos* ab, das »leicht« oder »klein« bedeutet. »Quark« hingegen besitzt einen literarischen und weitaus fantasiereicheren Ursprung. Der Physiker Murray Gell-Mann, der im Jahr 1964 die Existenz von Quarks als interne Bestandteile von Neutronen und Protonen in den Raum stellte und der zu jener Zeit annahm, dass die Familie der Quarks aus nur drei Mitgliedern bestünde, entlieh den Namen einer ebenso typischen wie mysteriösen Textstelle in James Joyce' *Finnegans Wake*: »Drei Quarks für Muster Mark!« Eines immerhin darf man den Quarks zugutehalten: Alle ihre Bezeichnungen sind wirklich simpel – Chemiker, Biologen und vor allem Geologen kriegen eine derart einfache Nomenklatur nicht auf die Reihe.

Quarks sind seltsame Gesellen. Anders als Protonen, die eine elektrische Ladung von +1 haben, und Elektronen (elektrische Ladung: –1), haben Quarks Drittelbrüche als Ladungswerte. Vor allem aber wird es niemandem gelingen, ein Quark ganz alleine zu erwischen; es krallt sich immer an anderen Quarks in seiner Nähe fest. Die Kraft, die zwei (oder mehr) Quarks zusammenhält, nimmt sogar zu, je mehr man versucht, sie voneinander zu trennen – ganz so, als wären sie durch eine Art subnukleares Gummiband verbunden. Bringt man aber die Quarks weit genug auseinander, reißt das Gummiband, die gespeicherte Energie lässt unter Berufung auf $E = mc^2$ an jedem Ende ein neues Quark entstehen – und Sie sind wieder da, wo Sie angefangen haben.

In der Quark-Lepton-Ära war das Universum so dicht gepackt, dass der durchschnittliche Abstand zwischen nicht verbundenen Quarks vom Abstand zwischen verbundenen Quarks kaum zu unterscheiden war. Unter diesen Bedingungen war die Zusammengehörigkeit benachbarter Quarks nicht eindeutig auszumachen. Die Quarks bewegten sich frei untereinander, auch wenn sie kollektiv aneinander gebunden waren. Die Entdeckung dieses Materiezustands, einer Art Kessel voller Quarks, wurde erstmals im Jahr 2002 von einem Physikerteam der Brookhaven National Laboratories von Long Island, New York, gemeldet.

Theoretisch spricht viel dafür, dass ein Ereignis im ganz frühen Universum, vielleicht während einer der Aufspaltungen der Urkräfte, zu einer bemerkenswerten Asymmetrie führte. Danach waren die Materiepartikel den Antimateriepartikeln zahlenmäßig nur ganz knapp voraus, und zwar im

Verhältnis von 1 000 000 000 001 zu 1 000 000 000 000. Inmitten der kontinuierlichen Zyklen von Erzeugung, Vernichtung und Neuerzeugung von Quarks und Antiquarks, Elektronen und Antielektronen (besser bekannt als Positronen), Neutrinos und Antineutrinos fiel dieser winzige Unterschied gewiss niemandem auf. Der überzählige Kollege hatte Gelegenheiten zuhauf, einen Partner für die Paarvernichtung zu finden, und so machten es auch alle anderen.

Aber allzu lange ging das nicht so weiter. Der Kosmos dehnte sich weiter aus – wurde größer als unser Sonnensystem – und kühlte sich zügig ab – auf unter eine Milliarde Kelvin.

▪

Seit dem Anfang ist eine millionstel Sekunde vergangen.

▪

Dieses laue Universum war inzwischen weder heiß noch dicht genug, um Quarks zu kochen. Deshalb schnappte sich jedes davon einen Tanzpartner und erzeugte auf diese Weise eine permanente neue Familie schwerer Partikel mit Namen »Hadronen« (vom griechischen *hadros,* »dick«). Dieser Übergang vom Quark zum Hadron führte schon bald zur Entstehung von Protonen und Neutronen sowie weiterer, weniger bekannter schwerer Partikel, die sich sämtlich aus verschiedenen Kombinationen von Quark-Spezies zusammensetzen. In der Schweiz (wir sind wieder zurück auf der Erde) nutzt die Europäische Organisation für Kernforschung* einen riesigen Teilchenbeschleuniger, um Hadronenstrahlen kollidieren zu lassen – damit sollen ebendiese beschriebenen Bedingungen nachgestellt werden. Diese größte Maschine der Welt heißt passenderweise »Large Hadron Collider« (LHC).

Die geringfügige Asymmetrie zwischen Materie und Antimaterie, die in der Quark-Lepton-Brühe herrschte, ging nun auf die Hadronen über, allerdings mit erstaunlichen Folgen.

Mit der weiteren Abkühlung des Universums nahm die Energiemenge ab, die für die spontane Erzeugung von Elementarteilchen zur Verfügung stand. Während der Hadronen-Ära konnten sich die Photonen in der Umgebung nicht mehr auf $E = mc^2$ stützen, um Quark-Antiquark-Paare zu produzieren. Und nicht nur das: Die Photonen, die aus all den verbliebenen Paarvernichtungen hervorgegangen waren, gaben ihre Energie an das sich immer weiter ausdehnende Universum ab. So fiel die Energie irgendwann unter die Schwelle, die notwendig wäre, um Hadron-Antihadron-Paare zu erzeugen. Pro einer Milliarde Vernichtungen – die eine Milliarde Photonen zurückließ – überlebte ein einziges Hadron. Und diese Einzelkämpfer sollten am Ende den ganzen Spaß haben: Sie dienten als ultimative Materiequelle für die Erzeugung von Galaxien, Sternen, Planeten und Petuni-

* Besser bekannt unter dem Akronym CERN.

en. Ohne dieses winzige Ungleichgewicht zwischen Materie und Antimaterie – eine Milliarde und eins zu einer Milliarde – hätte sich die gesamte Masse im Universum selbst ausgelöscht. Zurückgeblieben wäre ein Kosmos aus Photonen *und nichts sonst* – das ultimative »Es werde Licht«-Szenario.

▪

Inzwischen ist eine Sekunde vergangen.

▪

Das Universum ist auf einen Durchmesser von einigen Lichtjahren angewachsen.* Das ist in etwa die Entfernung von der Sonne bis zu ihren nächstgelegenen Nachbarsternen. Mit einer Milliarde Kelvin ist das Universum immer noch ganz schön heiß – und ebenfalls noch in der Lage, Elektronen zu kochen, die zusammen mit ihren Gegenstücken, den Positronen, weiterhin entstehen und wieder vergehen. Im sich immer weiter ausdehnenden und abkühlenden Universum sind ihre Tage (eigentlich: Sekunden) jedoch gezählt. Was für die Quarks und für die Hadronen galt, traf nun auch auf die Elektronen zu: Am Ende überlebt nur eines von einer Milliarde. Der Rest löscht sich paarweise mit Positronen, ihren Kumpels aus der Antimaterie, in einem Meer von Photonen aus.

* Ein Lichtjahr ist die Strecke, die das Licht in einem Erdenjahr zurücklegt – knapp 9,5 Billionen Kilometer.

Inzwischen hat sich ein Elektron für jedes Proton so weit stabilisiert, dass es nicht wieder verschwindet. Mit der weiteren Abkühlung des Kosmos – wir sind inzwischen unter hundert Millionen Kelvin angelangt – verbinden sich Protonen mit anderen Protonen sowie mit Neutronen und bilden dadurch Atomkerne. So entwickelt sich ein Universum, in dem 90 Prozent dieser Kerne Wasserstoff und zehn Prozent Helium sind. Dazu kommen noch winzige Spuren von Deuterium (»schwerer« Wasserstoff), Tritium (noch schwererer Wasserstoff) und Lithium.

▪

Seit dem Anfang sind zwei Minuten vergangen.

▪

Die nächsten 380 000 Jahre tut sich nicht allzu viel in unserer Teilchenbrühe. In all diesen Jahrtausenden bleibt es heiß genug, damit sich Elektronen frei unter den Photonen bewegen und diese ordentlich durchschütteln, während sie mit ihnen interagieren.

Mit dieser Freiheit ist es allerdings abrupt vorbei, sobald die Temperatur des Universums unter 3000 Kelvin fällt (das ist etwa halb so heiß wie die Oberfläche der Sonne). Dann tun sich nämlich alle freien Elektronen mit Atomkernen zusammen. Diese Hochzeit hinterlässt ein allgegenwärtiges Bad aus sichtbarem Licht, das am Himmel auf ewig einen Beleg dafür hinterlässt, wo sich im betreffenden Moment sämtliche Materie befand. Außerdem kommt dadurch die Bildung von Teilchen und Atomen im Ur-Universum zum Abschluss.

▪

Die Ausdehnung und Abkühlung des Universums ging in der ersten Milliarde Jahre unablässig weiter. Die dabei entstandene Materie sortierte sich per Gravitation zu jenen massiven Konzentrationen, die wir Galaxien nennen. Fast hundert Milliarden dieser Galaxien bildeten sich, jede davon mit Hunderten von Milliarden Sternen, in deren Kernen eine thermonukleare Fusion abläuft. Diese Sterne, deren Masse das Zehnfache der Sonnenmasse überstieg, erreichten genügend Druck und Temperatur im Kern, um Dutzende Elemente zu erzeugen, die schwerer sind als Wasserstoff. Auch jene, aus denen sich Planeten bildeten – und was auch immer auf diesen Planeten an Leben entstand.

Diese Elemente wären erstaunlich nutzlos, wenn sie einfach nur dort blieben, wo sie sich gebildet haben. Hier und da explodieren aber massereiche Sterne und verteilen dadurch ihr chemisch angereichertes Innenleben in der ganzen Galaxie. Nach neun Milliarden Jahren dieser Anreicherung wird in einem unscheinbaren Teil des Universums (in den Außenbezirken des Supergalaxienhaufens »Virgo«) in einer unscheinbaren Galaxie (der Milchstraße) in einer unscheinbaren Region (dem Orion-Arm) ein unscheinbarer Stern (die Sonne) geboren.

Die Gaswolke, aus der sich die Sonne bildete, enthielt schwere Elemente in ausreichender Menge, um eine Ansammlung komplexer sie umkreisender Objekte entstehen zu lassen. Darunter mehrere Gesteins- und Gasplaneten, Hunderttausende Asteroiden und Milliarden von Kometen. Während der ersten paar Hundert Millionen Jahre lagerten sich große Mengen versprengter Trümmer mit eigenwilligen Umlaufbahnen an größeren Körpern an. Dies geschah in Form von Einschlägen mit hoher Geschwindigkeit und Energie, die die Oberfläche der Gesteinsplaneten zum Schmelzen brachten, was wiederum die Bildung komplexer Moleküle verhinderte.

Da mit der Zeit immer weniger dieser anlagerbaren Materie im Sonnensystem verblieb, kühlten die Planetenoberflächen allmählich ab. Der Planet, den wir Erde nennen, bildete sich in einer habitablen Zone um die Sonne, in der Ozeane weitgehend in flüssiger Form erhalten bleiben. Hätte sich die Erde deutlich näher an der Sonne befunden, wären die Meere verdampft. Wäre die Erde deutlich weiter von der Sonne entfernt gewesen, wären die Meere gefroren. In beiden Fällen hätte sich das Leben, wie wir es kennen, nicht entwickeln können.

In den flüssigen Ozeanen gingen organische Moleküle in den Status reproduktiven Lebens über. Welcher Mechanismus dies möglich machte, harrt noch der Entdeckung. Die vorherrschende Zutat in dieser »Ursuppe« waren einfache anaerobe Bakterien – Leben, das in sauerstofffreien Umgebungen gedeiht, als eines seiner Nebenprodukte jedoch chemisch potenten Sauerstoff ausscheidet. Diese frühen einzelligen Organismen verwandelten die kohlendioxidreiche Atmosphäre der Erde unwissentlich in eine mit ausreichend Sauerstoff, sodass aerobe Organismen entstehen und die Herrschaft über Meere und Landmasse übernehmen konnten. Die gleichen Sauerstoffatome, die normalerweise paarweise auftreten (O_2), verbanden sich auch zu Dreierkombinationen und bildeten damit Ozon (O_3) in der oberen Atmosphäre. Dieses schirmte somit die Oberfläche der Erde wie ein Schutzschild vor einem Großteil der von der Sonne abgestrahlten, molekülfeindlichen UV-Strahlung ab.

Die erstaunliche Diversität des Lebens auf der Erde und – so nehmen wir jedenfalls an – auch anderswo im Universum verdanken wir dem kosmischen Überfluss an Kohlenstoff und der Vielzahl einfacher und komplexer Moleküle, die Kohlenstoff enthalten. Sicher ist jedenfalls: Es gibt mehr Varietäten kohlenstoffbasierter Moleküle als alle anderen Arten von Molekülen zusammengenommen.

Aber das Leben ist eine fragile Sache. Gelegentliche Begegnungen der Erde mit großen, unberechenbaren Kometen und Asteroiden, die früher recht häufig vorkamen, können unser Ökosystem immer einmal wieder verwüsten. Erst vor 65 Millionen Jahren (das sind weniger als zwei Prozent der Erdgeschichte!) schlug ein zehn Billionen Tonnen schwerer Asteroid genau dort ein, wo heute die mexikanische Halbinsel Yucatán liegt, und vernichtete über 70 Prozent der

Flora und Fauna auf der Erde – einschließlich der berühmten, überdimensionalen Dinosaurier. Ausgelöscht, einfach so. Diese ökologische Katastrophe versetzte unsere Säugetiervorfahren, die bis dahin allenfalls als Vorspeise für *T. rex* gedient hatten, überhaupt erst in die Lage, die frei gewordenen Nischen zu besetzen. Aus einem mit einem großen Gehirn ausgestatteten Zweig dieser Säugetiere, den wir unter der Bezeichnung »Primaten« kennen, entwickelte sich eine Gattung und Spezies (der *Homo sapiens*) mit genug Intelligenz, um wissenschaftliche Methoden und Werkzeuge hervorzubringen – und Rückschlüsse auf Ursprung und Evolution des Universums zu ziehen.

▪

Aber was geschah vor alledem? Was passierte vor dem Anfang?

Die Astrophysiker haben keine Vorstellung. Oder besser gesagt: Unsere kreativsten Vorstellungen sind wenig bis gar nicht durch die experimentelle Wissenschaft gestützt. Als Antwort machen religiöse Menschen mit einem Hauch von Rechtfertigung geltend, *irgendetwas* müsse doch das alles in Gang gesetzt haben: eine Macht, größer als alle anderen Mächte, eine Quelle, aus der alles entspringt. Eine treibende Kraft. In der Vorstellungswelt dieser Menschen ist dieses Irgendetwas selbstverständlich Gott.

Aber was ist, wenn das Universum immer schon da war, in einem Status oder Zustand, den wir erst noch bestimmen müssen – ein Multiversum etwa, das kontinuierlich Universen gebiert? Oder was ist, wenn das Universum einfach – Schwupp! – aus dem Nichts entstanden ist? Oder was, wenn alles, was wir kennen und lieben, nichts weiter ist als eine Computersimulation, die sich eine superintelligente Spezies von Außerirdischen zum Spaß hat einfallen lassen? Diese Gedankenspiele stellen natürlich niemanden zufrieden. Aber sie erinnern uns daran, dass Unwissenheit der natürliche Zustand eines jeden Wissenschaftlers ist. Menschen, die glauben, es gebe nichts, worüber sie nichts wüssten, haben noch nie nach der Grenze zwischen dem Bekannten und dem Unbekannten im Universum gesucht, geschweige denn, dass sie an diese Grenze gestoßen wären.

Immerhin können wir mit Gewissheit sagen, dass das Universum einen Ausgangspunkt, einen Anfang hatte. Das Universum entwickelt sich kontinuierlich weiter. Und ja, jedes einzelne Atom unseres Körpers lässt sich auf den Urknall, den »Big Bang«, zurückführen, und auf die thermonuklearen Schmelzöfen innerhalb massereicher Sterne, die vor über fünf Milliarden Jahren explodierten.

Wir sind lebendig gewordener Sternenstaub und wurden vom Kosmos mit der Fähigkeit ausgestattet, uns selbst – und das Universum – zu ergründen. Und wir haben damit gerade erst begonnen.

2.

WIE IM HIMMEL, SO AUF ERDEN

Bis Sir Isaac Newton sein universelles Gravitationsgesetz niederschrieb, hatte niemand Grund zu der Annahme, die Gesetze der Physik wären zu Hause die gleichen wie im Rest des Universums. Auf der Erde galten die irdischen Regeln, im Himmel die himmlischen. Gemäß der christlichen Lehre jener Zeit hatte im Himmel Gott das Sagen, folglich musste das Geschehen dort unserem schwachen, sterblichen Verstand verborgen bleiben. Als Newton diese philosophische Grenze durchbrach, indem er alle Bewegung verstehbar und vorhersagbar machte, kritisierten ihn manche Theologen – schließlich blieb in diesem Modell für den Schöpfer nichts mehr zu tun. Newton hatte herausgefunden, dass die Kraft der Gravitation, die reife Äpfel vom Baum fallen lässt, die gleiche ist, die auch diverse Wurfobjekte auf ihren gekrümmten Flugbahnen und den Mond auf seiner Umlaufbahn um die Erde lenkt. Das newtonsche Gravitationsgesetz bestimmt die Bahn von Planeten, Asteroiden und Kometen um die Sonne und hält Hunderte Milliarden Sterne innerhalb unserer Galaxie in ihren Bahnen.

Diese Universalität physikalischer Gesetze ist mehr als

alles andere die Grundlage wissenschaftlicher Entdeckung. Und die Schwerkraft war erst der Anfang. Stellen Sie sich die Begeisterung der Astronomen des 19. Jahrhunderts vor, als sie ihre Laborprismen, die Lichtstrahlen in ihre Spektralfarben aufspalten, erstmals auf die Sonne richteten. Diese Lichtspektren sind nicht nur wunderschön, sie liefern auch eine Unmenge von Informationen über das Licht aussendende Objekt, wie etwa dessen Temperatur und Zusammensetzung. Chemische Elemente geben sich durch ihre unverwechselbaren Lichtmuster zu erkennen, oder die dunklen Bereiche, die das Spektrum durchziehen. Zur Freude und zum Erstaunen der Menschen waren die chemischen Signaturen der Sonne identisch mit denjenigen im Labor. Das Prisma war nun nicht mehr exklusives Werkzeug der Chemiker und zeigte, sosehr sich die Sonne auch hinsichtlich Größe, Masse, Temperatur, Standort und Aussehen von der Erde unterscheidet: Beide sind aus dem gleichen Stoff gemacht, Wasserstoff, Kohlenstoff, Sauerstoff, Stickstoff, Kalzium, Eisen und so weiter und so fort. Noch wichtiger als unser Einkaufszettel mit den gemeinsamen Zutaten war jedoch die Erkenntnis, dass die Gesetze der Physik, die das Rezept für die Bildung dieser Spektralsignaturen lieferten, die gleichen waren wie auf der Erde, 150 Millionen Kilometer weit entfernt.

Der Gedanke der Universalität erwies sich als so fruchtbar, dass er auch mit Erfolg umgekehrt angewandt werden konnte: Die weitere Analyse des Sonnenspektrums förderte die Signatur eines Elements zutage, für das es auf der Erde keine bekannte Entsprechung gab. Da es zur Sonne gehörte, benannte man die neue Substanz nach dem griechischen Wort *helios* (»Sonne«). Erst später fand man im Labor heraus, dass auch auf unserem Planeten Helium existierte. Damit wurde es zum ersten und einzigen Element im Periodensystem, das nicht auf der Erde entdeckt wurde.

Nun schön, die Gesetze der Physik funktionieren also im Sonnensystem, aber gilt das auch für die gesamte Galaxie? Im gesamten Universum? Über alle Zeiten hinweg? Schritt für Schritt wurden diese Gesetze getestet. Sterne in der Nähe zeigten ebenfalls bekannte chemische Zusammensetzungen. Ferne Doppelsterne, die sich in einer gemeinsamen Kreisbahn bewegen, scheinen alles über das newtonsche Gravitationsgesetz zu wissen. Dies trifft ebenfalls auf umeinander kreisende Galaxien zu.

Und wie bei den Sedimentschichten der Geologen, an denen sich der zeitliche Ablauf erdgeschichtlicher Ereignisse ablesen lässt, blicken wir umso weiter in die Vergangenheit, je tiefer wir in den Weltraum hineinsehen können. Spektren der am weitesten entfernten Objekte im Universum weisen die gleichen chemischen Signaturen auf, die wir auch in relativer zeitlicher und räumlicher Nähe finden. Zwar waren schwere Elemente damals weniger reichhaltig vorhanden – sie entstehen vorwiegend in späteren Generationen explodierender Sterne –, aber die Naturgesetze, die die atomaren und molekularen Prozesse beschreiben, bei denen diese Spektralsignaturen entstanden, gelten nach wie vor. Insbesondere muss eine Eigenschaft über Milliarden von Jahren unverändert geblieben sein: die Feinstrukturkonstante, die das grundlegende »Fingerprinting« jedes Elements beschreibt.

Natürlich finden nicht alle Phänomene im Kosmos ihre Entsprechung auf der Erde. Sie sind vermutlich noch nie durch eine Wolke glühenden, Millionen Kelvin heißen Plasmas spaziert und ich wette, Sie sind auch noch keinem schwarzen Loch beim Einkaufen begegnet. Was zählt, ist die Universalität der physikalischen Gesetze, die diese Dinge beschreiben. Als die Spektralanalyse erstmals auf Licht angewandt wurde, das von interstellaren Nebeln emittiert wird, fand man erneut eine Signatur, die keine irdische Entsprechung aufwies. Zu jener Zeit gab es im Periodensystem der Elemente noch keinen Platz, der sich für ein neues Element angeboten hätte. Deshalb erfanden Astrophysiker die Bezeichnung »Nebulium«, bis man beizeiten herausfinden würde, was denn Sache ist. Wie sich herausstellte, sind Gasnebel im Weltraum von derart verdünnter Konsistenz, dass die Atome lange Strecken kollisionsfrei zurücklegen können. Unter diesen Bedingungen sind Elektronen innerhalb der Atome zu Dingen fähig, die man in irdischen Labors nie zuvor beobachtet hatte. Nebulium war schlicht und einfach die Signatur ganz normalen Sauerstoffs, der sich aber nicht ganz normal verhielt.

Diese Universalität der physikalischen Gesetze sagt uns: Wenn wir auf einem anderen Planeten mit einer blühenden außerirdischen Zivilisation landen, dann werden sich die Aliens an die gleichen physikalischen Gesetze halten, die wir hier auf Erden entdeckt, geprüft und für richtig befunden haben – auch wenn sie vielleicht andere politische Ansichten vertreten. Außerdem können Sie darauf wetten, dass Außerirdische, wenn Sie mit ihnen reden wollen, garantiert kein Englisch oder Deutsch sprechen werden – noch nicht einmal Chinesisch. Und Sie wüssten auch nicht, ob sie ein Händeschütteln zur Begrüßung – immer vorausgesetzt, das, was sie Ihnen entgegenstrecken, ist eine Hand – als Zeichen der Friedfertigkeit oder als kriegerischen Akt interpretieren werden. Am ehesten können Sie darauf hoffen, in der Sprache der Wissenschaft mit ihren neuen außerirdischen Bekannten zu kommunizieren.

Dies wurde in den 1970er-Jahren mit *Pioneer 10* und *11* sowie *Voyager 1* und 2 auch versucht. Alle vier Raumsonden waren mit ausreichend Energie ausgestattet, um, mit etwas zusätzlichem Schwung durch die Schwerkraft der Riesenplaneten, unser Sonnensystem komplett hinter sich zu lassen.

Pioneer hatte eine goldene Tafel bei sich, auf der wissenschaftliche Piktogramme eingeätzt waren, die die Anordnung unseres Sonnensystems, unsere Lage innerhalb der Milchstraße und die Struktur des Wasserstoffatoms zeigten. *Voyager* ging noch einen Schritt weiter und enthielt auch eine goldene Schallplatte mit Aufnahmen diverser Klänge von Mutter Erde, darunter den menschlichen Herzschlag, den Gesang der Wale und Musikstücke aus aller Welt, einschließlich der Werke von Beethoven und Chuck Berry. Das verlieh der Botschaft natürlich einen menschlicheren Touch, es ist allerdings völlig unklar, was außerirdische Ohren mit dergleichen Klangbeispielen anzufangen wissen – immer vorausgesetzt, sie haben Ohren. Meine Lieblingspersiflage auf die Fracht der Sonde lief kurz nach dem Start der *Voyager* bei *Saturday Night Live*: Dort hatten Aliens die Raumsonde geborgen und zurückgeschickt, versehen mit einer kurzen Botschaft: »Schickt mehr von Chuck Berry.«

Die Wissenschaft blüht und gedeiht aber nicht nur wegen der Universalität physikalischer Gesetze, sondern auch wegen der Existenz und dauerhaften Gültigkeit physikalischer Konstanten. Die Gravitationskonstante, unter Wissenschaftlern üblicherweise als »G« abgekürzt, liefert zu Newtons Schwerkraftgleichung das Maß für die Größe dieser Kraft. Diese Größe wird seit Ewigkeiten implizit auf Abweichungen geprüft. Wer seine mathematischen Hausaufgaben gemacht hat, kann feststellen, dass die Leuchtkraft eines Sterns sehr stark von G abhängt. Anders ausgedrückt: Wäre G in der Vergangenheit auch nur geringfügig anders gewesen, hätte dies einen weitaus variableren Energie-Output der Sonne zur Folge gehabt. Viel variabler als derjenige, auf den sämtliche biologischen, klimatologischen und geologischen Daten schließen lassen.

So weit geht die Uniformität unseres Universums.

▪

Unter allen Konstanten ist die Lichtgeschwindigkeit die berühmteste. Ganz gleich wie schnell Sie unterwegs sind: Einen Lichtstrahl werden Sie niemals überholen. Aber warum eigentlich nicht? Kein jemals durchgeführtes Experiment hat ein Objekt welcher Form auch immer zu zeigen vermocht, das die Geschwindigkeit des Lichts erreicht hätte. Diese Tatsache wird von den ausgiebig getesteten Gesetzen der Physik vorhergesagt und belegt. Ich weiß, dass diese Aussagen ein wenig engstirnig wirken. Einige der verbohrtesten, gleichwohl wissenschaftlich begründeten Postulate vergangener Zeiten haben den Einfallsreichtum unserer Erfinder und Techniker gehörig unterschätzt. »Wir werden niemals fliegen können«. »Wir werden niemals das Atom spalten«. »Wir werden niemals die Schallmauer durchbrechen«. »Wir werden niemals zum Mond fliegen«. Diese Aussagen haben eines gemeinsam: Sie werden durch kein anerkanntes Gesetz der Physik belegt.

Die Behauptung »Wir werden niemals schneller sein als ein Lichtstrahl« ist eine Vorhersage von anderer Qualität. Sie ergibt sich aus grundlegenden, von der Zeit geprüften physikalischen Prinzipien. Auf den Schildern an Autobahnen für interstellare Reisende der Zukunft wird zu Recht stehen:

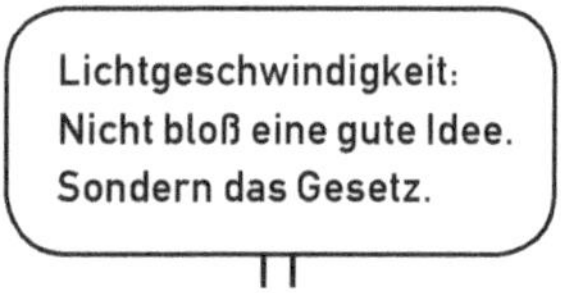

Anders als bei der Radarfalle, die das Rasen auf irdischen Straßen verhindern soll, ist das Gute an den Gesetzen der Physik, dass man für ihre Einhaltung keine Polizei und kein Verkehrsgericht braucht – was mich allerdings nicht daran gehindert hat, mir vor Jahren ein T-Shirt mit der ziemlich albernen Aufschrift »GEHORCHE DER SCHWERKRAFT« zuzulegen.

Alle Messungen sagen aus, dass die bekannten fundamentalen Konstanten und die physikalischen Gesetze, die sich darauf beziehen, weder von der Zeit noch vom Ort abhängig sind. Sie sind wirklich konstant und universell gültig.

▪

In vielen Naturphänomenen sehen wir mehrere physikalische Gesetze gleichzeitig am Werk. Diese Tatsache macht die Analyse nicht selten kompliziert und erfordert oft auch hohe Computerleistung, um das Geschehen berechnen und die wichtigsten Parameter erfassen und verarbeiten zu können. Als der Komet Shoemaker-Levy 9 im Juli 1994 in die gasreiche Atmosphäre des Jupiter eintauchte und anschließend explodierte, kombinierte das exakteste Computermodell die Gesetze der Strömungsmechanik, der Thermodynamik, der Kinematik und der Gravitation. Klima und Wetter sind weitere prominente Beispiele für komplizierte (und schwer prognostizierbare) Phänomene. Aber die grundlegenden Gesetze, die sie steuern, gelten zu jeder Zeit. Der Große Rote Fleck auf dem Jupiter, ein gigantisches Hochdruckgebiet, das seit mindestens 350 Jahren dort herumwirbelt, wird durch die gleichen physikalischen Prozesse angetrieben, die auf der Erde und anderswo im Sonnensystem Stürme entstehen lassen.

Eine weitere Gruppe universeller Wahrheiten sind die Erhaltungsgesetze, denen zufolge der Betrag einer gemessenen Quantität unverändert bleibt, *ganz gleich was passiert*. Die drei wichtigsten sind die Gesetze zur Erhaltung von Masse und Energie, der Erhaltung von Impuls und Drehimpuls und der Erhaltung der elektrischen Ladung. Diese Gesetze sind auf der Erde beweiskräftig zu beobachten, und auch überall sonst, wo wir nachgesehen haben – von der Teilchenphysik bis hin zur größeren Struktur des Universums.

Aber bei aller Prahlerei: Selbst im Paradies ist nicht alles perfekt. Zum Beispiel können wir die Quelle von 85 Prozent der Schwerkraft, die wir im Universum messen, nicht sehen, berühren oder schmecken. Diese mysteriöse *dunkle Materie*, die unentdeckt bleibt, abgesehen von ihrer Gravitation, die sie auf sichtbare Materie ausübt, setzt sich womöglich aus exotischen Partikeln zusammen, die wir erst noch entdecken oder bestimmen müssen. Eine kleine Minderheit unter den Astrophysikern ist allerdings nicht überzeugt und sagt, es gibt gar keine dunkle Materie – man müsse nur das newtonsche Gravitationsgesetz modifizieren. Einfach ein paar Komponenten in die Gleichung mit reinnehmen, und alles wird gut.

Vielleicht stellen wir eines Tages fest, dass das newtonsche Gravitationsgesetz tatsächlich angepasst werden muss.

Das ist dann auch okay. Das ist schon einmal passiert. Einsteins Allgemeine Relativitätstheorie von 1916 erweiterte Newtons Gravitationsgesetz so, dass es auch auf Objekte extrem hoher Masse zutraf. Newtons Gravitationsgesetz stößt in diesem Bereich an seine Grenzen, was er nicht wusste und nicht wissen konnte. Wir lernen daraus: Unser Vertrauen fließt durch das Spektrum der Bedingungen, unter denen ein Gesetz geprüft und verifiziert wurde. Je weiter gefasst dieses Spektrum ist, desto aussagekräftiger vermag das Gesetz den Kosmos zu beschreiben. Für die handelsübliche Schwerkraft reicht Newtons Gesetz völlig aus. Immerhin brachte es uns 1969 bis zum Mond und wohlbehalten wieder zurück. Für die schwarzen Löcher und die große Struktur des Universums brauchen wir allerdings die Allgemeine Relativitätstheorie. Und wenn man wenig Masse und geringe Geschwindigkeiten in Einsteins Gleichungen einsetzt, werden sie wortwörtlich (beziehungsweise mathematisch) zu Newtons Gleichungen – alles gute Gründe, um unserem Verständnis dessen zu vertrauen, was wir zu verstehen behaupten.

▪

Für den Wissenschaftler macht die Universalität der physikalischen Gesetze den Kosmos zu einem herrlich übersichtlichen Ort. Im Vergleich dazu ist die menschliche Natur – das Fachgebiet des Psychologen – eine unendlich komplexere Angelegenheit. In Amerika stimmen die örtlichen Schulbehörden darüber ab, welche Fächer an ihren Schulen unterrichtet werden sollen. Bisweilen richten sich diese Abstimmungen nach den Launen kultureller, politischer oder religiöser Trends. Weltweit führen unterschiedliche Glaubenssysteme zu politischen Differenzen, die nicht immer friedlich gelöst werden. Die Macht und Schönheit physikalischer Gesetze liegt darin, dass sie überall gelten – ganz gleich ob Sie an sie glauben oder nicht. Man könnte auch sagen: Neben den Gesetzen der Physik ist (fast) alles andere »Meinung«. Nicht dass Wissenschaftler nicht streiten würden. Natürlich tun wir das, und nicht zu knapp. Aber wenn wir streiten, geht es in der Regel um die Interpretation ungenügender oder veralteter Daten zu den Grenzbereichen unseres Wissens. Wo immer und wann immer ein physikalisches Gesetz in der Diskussion herangezogen werden kann, bleibt der Streit unter Garantie nur kurz: Nein, dein *perpetuum mobile* wird niemals funktionieren; es verstößt gegen bewährte Gesetze der Thermodynamik. Nein, du kannst keine Zeitmaschine bauen, die dich zurückversetzt und dir ermöglicht, deine Mutter umzubringen, bevor sie dich geboren hat – das verstößt gegen Kausalgesetze. Und ohne gegen die Impulsgesetze zu verstoßen, kannst du auch nicht spontan vom Boden abheben und zu schweben beginnen, noch nicht einmal wenn du die Lotusposition einnimmst.*

* Grundsätzlich könnten Sie diesen Stunt schon vollführen, dafür bedürfte es allerdings eines kraftvollen und dauerhaften Flatulenzauftriebs.

Die Kenntnis physikalischer Gesetze kann einem manchmal sogar das Selbstvertrauen verleihen, einem unwirschen Gegenüber Kontra zu geben. Vor ein paar Jahren wollte ich in einem Dessert Shop im kalifornischen Pasadena eine heiße Schokolade als Schlummertrunk zu mir nehmen. Bestellt hatte ich, wie es sich gehört, mit Schlagsahne. Als der Kellner mein Getränk an den Tisch brachte, sah ich keine Spur davon. Ich sagte ihm, auf meinem Kakao fehle die Sahne, und er versicherte mir, ich könne sie bloß nicht sehen, weil sie an den Boden der Tasse gesunken sei. Aber Schlagsahne hat eine geringe Dichte und schwimmt auf allen Flüssigkeiten, die üblicherweise von Menschen konsumiert werden. Also gab ich dem Kellner zwei verschiedene Erklärungen zur Auswahl: Entweder jemand hatte vergessen, die Sahne auf meine heiße Schokolade zu tun, oder in seinem Restaurant herrschten andere als die universellen Gesetze der Physik. Trotzig und alles andere als überzeugt, brachte er einen Klacks Sahne an den Tisch und wollte mir beweisen, dass er recht hatte. Er probierte ein oder zwei Mal, die Sahne zu versenken, aber sie ploppte immer wieder nach oben und schwamm zuverlässig auf dem Kakao.

Braucht es einen besseren Beweis für die Universalität physikalischer Gesetze?

3.

ES WERDE LICHT

Nach dem Urknall war der Kosmos vor allem mit seiner Ausdehnung beschäftigt, und mit der Verdünnung der Energiekonzentration, die den Raum erfüllte. In jedem Augenblick wurde das Universum ein wenig größer, ein wenig kälter und ein wenig dunkler. Derweil schwammen Materie und Energie gemeinsam in einer Art undurchsichtiger Suppe, in der freie umherfliegende Elektronen kontinuierlich Photonen in alle Richtungen verteilten.

Das ging 380 000 Jahre lang so weiter.

In dieser frühen Phase mussten Photonen nicht weit reisen, um auf ein Elektron zu treffen. Wenn Sie damals hätten versuchen wollen, durch das Universum hindurchzusehen, wären Sie nicht weit gekommen. Jedes Photon, das Sie entdeckt hätten, wäre nur Nano- oder Picosekunden zuvor von einem Elektron abgeprallt, direkt vor Ihrer Nase.*

Da dies der größte Abstand ist, den Informationen zurücklegen können, bevor sie Ihr Auge erreichen, war das gesamte Universum nichts als ein glühender, undurchsichtiger

* Eine Nanosekunde entspricht einer milliardstel Sekunde. Eine Picosekunde entspricht einer billionstel Sekunde.

Nebel, ganz gleich in welche Richtung man schaut. So wie es heute noch in der Sonne und in allen anderen Sternen ausschaut.

Mit abnehmender Temperatur bewegen sich die Teilchen immer langsamer. Und als die Temperatur des Universums erstmals unter die Grenze von – immer noch rot glühenden – 3000 Kelvin fiel, wurden die Elektronen gerade langsam genug, dass sie von des Weges kommenden Protonen eingefangen werden konnten. So entstanden komplette Atome. Und so wurden die bislang ständig drangsalierten Photonen endlich freigesetzt und konnten sich auf ihre nunmehr ungestörte Reise durchs Universum machen.

Diese »kosmische Hintergrundstrahlung« ist die Inkarnation des verbliebenen Lichts eines grellen, zischenden Universums. Und ihr kann auf der Basis des Anteils der im Spektrum repräsentierten dominanten Photonen eine Temperatur zugeordnet werden. Während sich der Kosmos weiter abkühlte, gaben die Photonen, die im sichtbaren Teil des Spektrums das Licht der Welt erblickt hatten, ihre Energie an das sich ausdehnende Universum ab und glitten im Spektrum immer weiter ab, sie verwandelten sich am Ende in Infrarotphotonen. Auch wenn die Photonen des sichtbaren Lichts immer schwächer geworden waren: Es blieben doch zu jeder Zeit Photonen.

Was kommt als Nächstes im Spektrum? Heute ist das Universum um den Faktor tausend gewachsen, verglichen mit der Zeit, in der die Photonen freigesetzt wurden. Folglich hat sich die kosmische Hintergrundstrahlung um den Faktor tausend abgekühlt. Alle Photonen des sichtbaren Lichts aus jener Epoche haben nur noch ein Tausendstel ihrer damaligen Energie. Sie sind heute Mikrowellen. Daraus leitet sich unser Begriff »kosmische Mikrowellenhintergrundstrahlung« ab. Wenn wir das schön beibehalten, werden die Astrophysiker in 50 Milliarden Jahren über die »kosmische Radiowellenhintergrundstrahlung« schreiben, denn dann werden die Photonen noch viel weniger Energie und eine dementsprechend größere Wellenlänge haben.

Wenn etwas so stark erhitzt wird, dass es glüht, emittiert es Licht in allen Teilen des Spektrums, erreicht aber an irgendeiner Stelle einen Höhepunkt. Handelsübliche Glühlampen, die noch immer mit Metallglühfäden arbeiten, erreichen ihren Höhepunkt im Infrarotbereich, und genau deshalb sind sie als Quelle sichtbaren Lichts so ineffizient. Unsere Sinne nehmen Infrarotlicht lediglich in Form von Wärme auf der Haut wahr. Die LED-Revolution der modernen Lichttechnologie erzeugt reines sichtbares Licht, ohne Wattleistung auf unsichtbare Teile des Spektrums zu verschwenden. So entstehen seltsame Hinweise wie der folgende: »6,5 Watt (ersetzt 60 Watt)« auf Ihrer LED-Leuchtmittelverpackung.

Da die kosmische Hintergrundstrahlung das Überbleibsel von etwas ehemals hell Glühendem ist, verhält sie sich so, wie wir es von einem strahlenden, aber sich abkühlenden Objekt erwarten: Die Strahlung erreicht an einer Stelle des Spektrums Spitzenwerte, ist aber auch an anderen Stellen des Spektrums präsent. In diesem Fall emittiert die Hintergrundstrahlung neben der Spitze im Mikrowellenbereich auch ein paar Radiowellen sowie eine verschwindend kleine Menge Photonen höherer Energie.

Mitte des 20. Jahrhunderts lagen im Teilgebiet der Kosmologie nicht viele Daten vor. Und wo Daten dünn gesät sind, da gibt es jede Menge konkurrierende Ideen, manche sehr raffiniert, andere sind eher Wunschdenken. Die Existenz der Hintergrundstrahlung war vom aus Russland stammenden amerikanischen Physiker George Gamow und seinen Kollegen in den 1940er-Jahren vorhergesagt worden. Seine Ideen gehen wiederum auf die Arbeit des belgischen Physikers und Priesters Georges Lemaître aus dem Jahr 1927 zurück, der heute allgemein als Vater der Urknall-Kosmologie gilt. Aber es waren die amerikanischen Physiker Ralph Alpher und Robert Herman, die 1948 zum ersten Mal die zu erwartende Temperatur der kosmischen Hintergrundstrahlung schätzten. Sie gründeten ihre Berechnungen auf drei Säulen: 1) Einsteins Allgemeine Relativitätstheorie von 1916; 2) Edwin Hubbles Entdeckung aus dem Jahr 1929, der zufolge sich das Universum ausdehnt; und 3) Atomphysik im Labor vor und während des Manhattan Project, dem wir die Atombomben des Zweiten Weltkriegs verdanken.

Herman und Alpher berechneten und schätzten eine Temperatur des Universums von 5 Kelvin. Nun ja, das ist schlicht falsch. Die exakt gemessene Temperatur dieser Mikrowellen beträgt 2,725 Kelvin, manchmal der Einfachheit halber als

2,7 Kelvin angegeben. Und wenn Sie auf numerischem Gebiet etwas schludrig veranlagt sind, wird Ihnen auch niemand den Kopf abreißen, wenn Sie die Temperatur des Universums auf 3 Kelvin aufrunden.

Halten wir hier für einen Moment inne. Herman und Alpher nutzten die Atomphysik, frische Früchte ihrer Laborarbeit, und wendeten sie auf hypothetisch postulierte Bedingungen im frühen Universum an. Daraus schlossen sie auf den Zustand vor Milliarden von Jahren und berechneten, welche Temperatur das Universum heute haben müsste. Dass ihr Ergebnis auch nur in der Nähe der richtigen Antwort lag, ist ein fantastischer Triumph menschlicher Erkenntnis. Sie hätten sich um den Faktor zehn oder hundert verhauen können, oder sie hätten etwas voraussagen können, das es überhaupt nicht gibt. Der amerikanische Astrophysiker J. Richard Gott kommentierte diese Leistung so: »Vorherzusagen, dass die Hintergrundstrahlung existiert, und dann die Temperatur mit so geringer Abweichung korrekt zu benennen, war in etwa so, als hätte man behauptet, eine 15 Meter große fliegende Untertasse würde auf dem Rasen vor dem Weißen Haus landen – und was dann kam, war ein 10 Meter großes Ufo.«

▪

Die erste direkte Beobachtung der kosmischen Mikrowellenhintergrundstrahlung gelang 1964 den amerikanischen Physikern Arno Penzias und Robert Wilson von den Bell Telephone Laboratories, der Forschungsabteilung von AT & T – und zwar durch puren Zufall. In den 60er-Jahren wusste jeder von Mikrowellen, aber kaum einer hatte die Technologie, sie zu entdecken. Bell Labs, ein Pionier der Kommunikationsbranche, entwickelte eine handfeste, hornförmige Antenne zu genau diesem Zweck.

Aber erst einmal wollen Sie beim Senden oder Empfangen eines Signals möglichst vermeiden, dass es von zu vielen anderen Quellen kontaminiert wird. Penzias und Wilson wollten eigentlich messen, welche Interferenz die Mikrowellen aus dem Hintergrund für ihren Empfänger produzierten, um eine saubere und rauschfreie Kommunikation innerhalb des betreffenden Frequenzspektrums zu erreichen. Sie waren schließlich keine Kosmologen, sondern Technikfreaks, die an einem Mikrowellenempfänger bastelten. Von den Voraussagen von Gamow, Herman und Alpher hatten sie keine Ahnung.

Was Penzias und Wilson definitiv nicht suchten, war die kosmische Mikrowellenhintergrundstrahlung; sie wollten einfach nur einen neuen Übertragungskanal für AT & T einrichten.

Penzias und Wilson führten also ihr Experiment durch und subtrahierten von ihren Daten alle bekannten terrestrischen und kosmischen Interferenzquellen, die sie identifizieren konnten. Aber ein Teil des Signals ging einfach nicht weg, und sie wussten nicht, wie sie es loswerden konnten. Schließlich sahen sie in ihrer Antennenschüssel nach und fanden dort ein Taubennest. Zuerst dachten sie, eine weiße dielektrische Substanz – Taubenkacke – könnte schuld an dem Störsignal sein, denn dieses blieb gleich stark, egal, wie sie den Detektor ausrichteten. Nachdem sie die Schüssel einer Reinigung unterzogen hatten, nahm die Interferenz geringfügig ab, aber ein Restsignal blieb. Im Bericht, den sie 1965 veröffentlichten, drehte sich alles um diese unerklärliche »überschüssige Antennentemperatur«.*

Derweil baute ein Physikerteam in Princeton unter Leitung von Robert Dicke einen Detektor, der speziell nach der kosmischen Mikrowellenhintergrundstrahlung suchen sollte. Aber sie verfügten nicht über die Ressourcen der Bell Labs, deshalb brauchten sie etwas länger. In dem Moment, als Dicke und seine Kollegen von Penzias' und Wilsons Arbeiten erfuhren, wurde dem Team in Princeton schlagartig klar, worum es sich bei der überschüssigen Antennentemperatur handelte. Alles passte ins Bild – vor allem die Temperatur selbst und die Tatsache, dass das Signal aus allen Himmelsrichtungen kam.

1978 bekamen Penzias und Wilson den Nobelpreis für ihre Entdeckung. Und im Jahr 2006 teilten sich die amerikanischen Astrophysiker John C. Mather und George F. Smoot den Nobelpreis für die Beobachtung der Hintergrundstrah-

* A. A. Penzias und R. W. Wilson, »A Measurement of Excess Antenna Temperature at 4080 Mc/s«, *Astrophysical Journal* 142 (1965): S. 419–421.

lung über weite Bereiche des Spektrums. Die Kosmologie war damit den Kinderschuhen entwachsen: Aus einem Sammelsurium cleverer, aber ungeprüfter Ideen wurde eine seriöse, exakte Experimentalwissenschaft.

▪

Da das Licht Zeit braucht, um aus den Weiten des Universums bis zu uns zu gelangen, sehen wir, wenn wir in die Tiefe des Weltraums blicken, genau genommen weit zurück in die Vergangenheit. Wenn also die intelligenten Bewohner einer fernen Galaxie die Temperatur der kosmischen Hintergrundstrahlung genau in dem Moment messen, den wir mit unserem Blick erfassen, müssten sie einen Wert über 2,7 feststellen; schließlich leben sie in einem jüngeren, kleineren und heißeren Universum als wir.

Wie sich zeigt, kann man diese Hypothese sogar testen. Das Molekül Dizyan (früher verwendete man es in den USA als Aktivkomponente des tödlichen Gases bei Hinrichtungen) wird angeregt, wenn man es Mikrowellen aussetzt. Sind die Mikrowellen wärmer als die in unserer Hintergrundstrahlung, regen sie das Molekül noch etwas stärker an. Im Urknall-Modell schwimmt das Dizyan in fernen und damit jüngeren Galaxien sozusagen in einem wärmeren kosmischen Hintergrund als das Dizyan in unserer Milchstraße. Und genau das beobachten wir hier.

So etwas kann man gar nicht erfinden.

Aber warum sollte uns irgendetwas davon interessieren?

Das Universum war bis etwa 380 000 Jahre nach dem Urknall lichtundurchlässig, man hätte also nichts davon mitbekommen, wenn Materie irgendeine Form annimmt, noch nicht einmal auf den teuersten Plätzen. Man hätte nicht sehen können, wo die Galaxienhaufen und die Leerräume dazwischen sich zu bilden begannen. Bevor irgendjemand etwas hätte sehen können, das einen Blick wert war, mussten erst einmal Photonen als Träger dieser Information ungehindert durch das Universum reisen können.

Der Punkt, an dem jedes Photon seine Reise durch den Kosmos begann, war der, an dem es auf das letzte Elektron traf, das sich ihm jemals in den Weg stellen würde – der »Punkt der letzten Streuung«. Da immer mehr Photonen entkamen, ohne auf irgendetwas zu treffen, entstand dadurch eine sich ausdehnende »Fläche der letzten Streuung«, und die ist um die 120 000 Jahre tief. Auf dieser Fläche wurden alle Atome im Universum geboren: Ein Elektron schließt sich einem Atomkern an, und ein kleiner Energieimpuls in Form eines Photons entschwebt dahin in die unendlichen, roten Weiten.

Damals hatten bereits einige Regionen des Universums aufgrund der gravitativen Anziehung der in ihnen enthaltenen Masse begonnen, miteinander zu verschmelzen. Photonen, die sich in diesen Regionen zuletzt von Elektronen lösten und verstreuten, entwickelten ein etwas anderes und kälteres Profil als diejenigen, die sich von den weniger geselligen Elektronen irgendwo am Ende der Welt gelöst hatten. Dort, wo sich Materie ansammelte, nahm die Schwerkraft zu, was dazu führte, dass sich immer mehr Materie ansammelte. In diesen Regionen bildeten sich Supergalaxienhaufen, andere Regionen blieben relativ leer.

Wenn man die kosmische Mikrowellenhintergrundstrahlung detailliert misst, wird man feststellen, dass sie nicht vollkommen einheitlich verläuft. Manche Stellen sind etwas heißer, andere etwas kälter als der Durchschnitt. Aus dem Studium dieser Temperaturvariationen in der Hintergrundstrahlung – d. h. durch das Studium der Muster in der Oberfläche der letzten Streuung – können wir auf die Struktur und den Inhalt der Materie im frühen Universum schließen. Um uns vorstellen zu können, wie unsere Galaxien, Galaxienhaufen und Superhaufen entstanden, ist die kosmische Hintergrundstrahlung unsere beste Messsonde. Sie stellt eine leistungsfähige Zeitkapsel dar, mit der Astrophysiker in der Lage sind, die Geschichte des Kosmos im Zeitverlauf rückwärts zu rekonstruieren. Die Untersuchung dieser Muster ist, als würde man eine Art kosmischer Phrenologie betreiben: Wir analysieren die Beulen und Dellen im Schädel des kindlichen Universums.

Im Rahmen dessen, was uns andere Beobachtungen des heutigen und des fernen Universums vorgeben, können wir aus der Hintergrundstrahlung alle möglichen grundlegenden kosmischen Eigenschaften herauslesen. Wir vergleichen die Verteilung der Größe und Temperatur der warmen und kalten Bereiche und können daraus schließen, wie stark die

Schwerkraft zu der Zeit war und wie schnell die Materie akkumulierte. Daraus wiederum können wir ableiten, wie viel gewöhnliche Materie, dunkle Materie und *dunkle Energie* es im Universum gibt. Und von dem Punkt aus können wir direkt feststellen, ob sich das Universum auf ewig ausdehnen wird oder nicht.

▪

Gewöhnliche Materie ist das, woraus wir alle bestehen. Sie besitzt eine Schwerkraft und interagiert mit Licht. Dunkle Materie ist eine mysteriöse Substanz, die zwar ebenfalls Schwerkraft besitzt, aber in keiner uns bekannten Weise mit Licht interagiert. Und dunkle Energie ist ein mysteriöser Druck im Vakuum des Weltraums, der der Schwerkraft exakt entgegenwirkt und damit das Universum zwingt, sich schneller auszudehnen, als es dies ansonsten tun würde.

Was also sagt uns unsere phrenologische Untersuchung? Wir verstehen zwar, wie sich das Universum verhielt, aber es besteht größtenteils aus Zeug, das uns Rätsel aufgibt. Auch wenn wir so vieles noch nicht wissen, hat die Kosmologie heute erstmals immerhin einen Ankerpunkt, denn die kosmische Mikrowellenhintergrundstrahlung zeigt uns das Tor, durch das wir alle geschritten sind. An der Stelle passierten interessante physikalische Dinge, und wir haben etwas darüber erfahren, was es mit dem Universum auf sich hatte, bevor und nachdem sein Licht freigesetzt wurde.

Die Entdeckung dieser Hintergrundstrahlung sorgte immerhin dafür, dass die Kosmologie das Stadium des Mythologischen hinter sich lassen konnte. Aber es war erst die exakte und detailgenaue Vermessung der kosmischen Mikrowellenhintergrundstrahlung, die sie zu einer modernen Wissenschaft werden ließ. Kosmologen sind ziemlich selbstbewusste Leute. Wie sollte es auch anders sein, wenn es dein Job ist, herauszufinden, was zur Existenz unseres Universums geführt hat? Ohne den Beleg durch Daten blieben ihre Erklärungen nichts als Hypothesen. Jede neue Beobachtung, jedes neue Daten-Häppchen ist heute eine zweischneidige Angelegenheit: Einerseits kann die Kosmologie dadurch auf der gleichen Grundlage gedeihen, deren sich die anderen Naturwissenschaften größtenteils erfreuen. Andererseits geht dieser Zugewinn an Daten immer auf Kosten von Theorien, die sich Leute ausdachten, als es noch nicht genug Daten gab, die hätten belegen können, ob sie richtiglagen oder falsch.

Doch ohne diesen Widerspruch kann keine Naturwissenschaft reifen.

4.

ZWISCHEN DEN GALAXIEN

Im Sammelsurium kosmischer Konstituenten sind Galaxien üblicherweise das, was zählt und gezählt wird. Laut neuesten Schätzungen umfasst das beobachtbare Universum etwa hundert Milliarden davon. Hell und schön und vollgepackt mit Sternen schmücken die Galaxien die dunkle Leere des Weltraums wie die Lichtpunkte der übers Land verteilten Städte in einer Nachtaufnahme der Erde. Aber wie leer ist diese Leere des Weltraums eigentlich? (Wie leer ist die Landschaft zwischen den Städten?) Bloß weil wir die Galaxien sehen und bloß weil sie uns glauben machen, auf nichts anderes komme es an, ist noch lange nicht gesagt, dass es im Universum nicht auch zwischen den Galaxien schwer zu entdeckende Dinge gäbe. Vielleicht sind diese Dinge sogar interessanter oder für die Evolution des Universums wichtiger als die Galaxien selbst.

Unsere eigene, spiralförmige Galaxie, die Milchstraße, heißt so, weil sie für das bloße Auge aussieht wie verschüttete Milch am irdischen Nachthimmel. Der Begriff »Galaxie« selbst leitet sich vom griechischen *galaxias* ab, was »milchig« bedeutet. Unsere beiden nächstgelegenen Nachbargalaxien,

170 000 bzw. 200 000 Lichtjahre entfernt, sind klein und von unregelmäßiger Form. Magellan notierte diese kosmischen Objekte bei der berühmten Weltumseglung anno 1519 in seinem Logbuch. Ihm zu Ehren heißen sie heute die Große und die Kleine Magellansche Wolke. Sichtbar sind sie vorwiegend von der Südhalbkugel aus, als Paar wolkenartiger Kleckse am Himmel, irgendwo jenseits der Sterne. Die nächste Galaxie, die größer ist als die unsere, ist zwei Millionen Lichtjahre entfernt. Diese Spiralgalaxie, historisch als Großer Andromeda-Nebel bekannt, ist ein etwas größerer und hellerer Zwillingsbruder unserer Milchstraße. Wohlgemerkt: Der Name keines dieser Systeme enthält Hinweise auf das Vorhandensein von Sternen – Milchstraße, Magellansche Wolken, Andromeda-Nebel. Alle drei wurden benannt, bevor es Teleskope gab, deshalb konnte man sie auch noch nicht in ihre stellaren Bestandteile auflösen.

▪

Wie in Kapitel neun beschrieben, würden wir ohne unsere Teleskope, die unterschiedliche Wellenlängenbereiche des Lichts abdecken, vielleicht noch heute behaupten, der Raum zwischen den Galaxien sei leer. Mithilfe moderner Detektoren und Theorien konnten wir unsere kosmische Landschaft genauer erkunden und fanden dabei alle möglichen schwer zu entdeckenden Dinge: Zwerggalaxien, rasende Sterne, rasende explodierende Sterne, Millionen Kelvin heiße und Röntgenstrahlen emittierende Gase, dunkle Materie, blassblaue Galaxien, ubiquitäre Gaswolken, super-mega-energiegeladene Teilchen und die mysteriöse Quantenvakuum-Energie. Angesichts dieser Liste könnte man auf den Gedanken kommen, das wirklich Spannende im Universum passiert gar nicht in den Galaxien selbst, sondern dazwischen.

In jedem beliebigen, zuverlässig erfassten Bereich des Weltraums gibt es über zehn Mal mehr Zwerggalaxien als große Galaxien. »Die Galaxie und die Sieben Zwerge« – so hieß Anfang der 80er-Jahre mein erster Aufsatz über das Universum. Das war natürlich als Anspielung auf die nahe und kleinwüchsige Verwandtschaft der Milchstraße gedacht. Inzwischen geht die Zahl unserer benachbarten Zwerggalaxien in die Dutzende. »Richtige« Galaxien enthalten mehrere Hundert Milliarden Sterne, bei Zwerggalaxien kann es auch nur eine Million sein, was bedeutet, dass sie hunderttausendmal schwerer zu entdecken sind. Kein Wunder also, dass wir erst nach und nach immer neue davon quasi vor unserer Haustür finden.

Bilder von Zwerggalaxien, die keine Sterne mehr hervorbringen, wirken oft wie winzige, langweilige Flecken. Diejenigen Zwerge, die neue Sterne bilden, sind von völlig unregelmäßiger Gestalt und sehen eigentlich ziemlich bemitleidenswert aus. Drei Dinge behindern die Entdeckung von Zwerggalaxien: Sie sind klein und werden leicht übersehen, wenn verlockende Spiralgalaxien um die Aufmerksamkeit des Betrachters buhlen. Sie sind blass und werden so bei der

Erfassung von Galaxien oft übergangen, weil sie ein vorgegebenes Helligkeitsniveau unterschreiten. Und die Sternendichte in diesen Galaxien ist relativ gering, sodass sie wenig Kontrast erzeugen, der sie vom Leuchten der nächtlichen Erdatmosphäre und anderen Lichtquellen abheben würde. Natürlich trifft dies alles zu. Da diese Zwerge jedoch bei Weitem zahlreicher sind als »normale« Galaxien, sollten wir vielleicht unsere Definition dessen, was »normal« ist, überdenken.

Die meisten (bekannten) Zwerggalaxien treiben sich in der Nähe größerer Galaxien herum und umkreisen sie wie Satelliten. Die beiden Magellanschen Wolken sind etwa Teil der Zwergenfamilie unserer Milchstraße. Allerdings leben Satellitengalaxien bisweilen gefährlich. Die meisten Computermodelle ihrer Umlaufbahnen zeigen zunehmende Instabilitäten, die dazu führen, dass die armen Zwerge von ihrer Hauptgalaxie in Stücke gerissen und am Ende schlicht aufgefressen werden. Die Milchstraße war für mindestens einen derartigen Fall von Kannibalismus in der letzten Milliarde Jahre verantwortlich: Sie verschlang eine Zwerggalaxie, deren zerfetzte Überreste heute als Sternenstrom zu besichtigen sind, der um das Zentrum der Galaxie kreist, jenseits der Sterne des Sternbilds Schütze (Sagittarius). Das System heißt »Sagittarius-Zwerggalaxie« – »Zwischenmahlzeit« wäre ein treffenderer Name gewesen.

In der hochgradig dichten Umgebung von Galaxienhaufen kollidieren zwei oder mehr große Galaxien immer wieder mit anderen und hinterlassen ein gigantisches Durcheinander: bis zur Unkenntlichkeit ineinander verschlungene Spiralstrukturen, neuerliche Häufungen sternenbildender Regionen, entstanden aus heftigen Kollisionen von Gaswolken, und Hunderte Millionen wild verstreuter Sterne, die der Schwerkraft beider Galaxien gerade noch entwischt sind. Manche Sterne schließen sich zu Tropfen zusammen, die man durchaus als Zwerggalaxien bezeichnen könnte. Andere driften für sich alleine weiter. Etwa zehn Prozent aller großen Galaxien liefern Anzeichen für eine größere gravitationsbedingte Begegnung mit einer anderen großen Galaxie – innerhalb von Galaxienhaufen ist dies sogar bei bis zu 50 Prozent der Fall.

Bei all dem Chaos fragt man sich: Wie viel galaktisches Treibgut gibt es überhaupt im intergalaktischen Raum, vor allem innerhalb von Galaxienhaufen? So genau weiß das niemand. Das zu messen ist schwierig, weil isolierte Sterne einfach nicht hell genug sind, um aufgespürt zu werden. Wir müssen uns mit einem schwächlichen Glimmen begnügen, das durch das Licht aller Sterne zusammen entsteht. Beobachtungen von Galaxienhaufen fördern just dieses Glimmen zwischen den Galaxien zutage, was darauf schließen lassen könnte, dass es so viele vagabundierende, heimatlose Sterne gibt wie Sterne innerhalb der Galaxien selbst.

Um es noch ein bisschen spannender zu machen, haben wir – ohne dass wir sie gesucht hätten – über ein Dutzend Supernovae gefunden, die weit entfernt von ihren vermutlichen »Wirtsgalaxien« explodiert sind. In gewöhnlichen Galaxien gibt es für jeden Stern, der in dieser Weise explodiert, zwischen hunderttausend und einer Million, die nicht explodieren. Isolierte Supernovae verraten also möglicherweise ganze Populationen bislang unentdeckter Sterne. Supernovae sind Sterne, die sich in tausend Stücke zerlegt und dabei vorübergehend (für ein paar Wochen) ihre Luminosität milliardenfach gesteigert haben, weshalb sie im Universum so gut sichtbar sind. Ein Dutzend heimatloser Supernovae hört sich nach einer bescheidenen Anzahl an, aber viele mehr harren noch der Entdeckung, da die meisten Supernova-Suchexpeditionen nur die bekannten Galaxien systematisch durchforsten, nicht den »leeren« Raum dazwischen.

▪

Galaxienhaufen haben noch mehr zu bieten als die sie bildenden Galaxien und versprengte Einzelsterne. Messungen mit röntgenempfindlichen Teleskopen enthüllen ein raumfüllendes, in die Galaxienhaufen eingebundenes, mehrere Zehn Millionen Kelvin heißes Gas. Das Gas ist so heiß, dass es im Röntgenbereich des Spektrums heftig strahlt. Schon die Bewegung gasreicher Galaxien durch dieses Medium beraubt sie am Ende ihres eigenen Gases und nimmt ihnen damit die Fähigkeit, neue Sterne zu formen. Die Messung der Gesamtmasse des Gases zwischen den Galaxien übertrifft bei den meisten Galaxienhaufen die Gesamtmasse aller Galaxien um das Zehnfache. Und es kommt noch schlimmer:

Galaxienhaufen laufen sozusagen über mit dunkler Materie, die dummerweise noch mal ein bis zu Zehnfaches der Masse von allem anderen ausmacht. Mit anderen Worten: Würden wir mit Teleskopen nicht Licht, sondern Masse beobachten, dann würden unsere geliebten, in Haufen angeordneten Galaxien nur wie winzige Flecken inmitten gigantischer Tropfen von Gravitationskräften wirken.

Der übrige Weltraum, außerhalb der Galaxienhaufen, ist von Galaxien bevölkert, die ihre große Zeit lange hinter sich haben. Wie bereits erwähnt, ist der Blick in den Kosmos analog dem Blick des Geologen durch Sedimentschichten, die ihm die Geschichte von Felsformationen detailgenau enthüllen.

Kosmische Entfernungen sind so riesig, dass es Millionen oder sogar Milliarden Jahre dauern kann, bis das Licht bei uns ankommt. Als das Universum halb so alt war wie jetzt, gedieh dort eine sehr blaue und sehr blasse Spezies mittelgroßer Galaxien. Wir können sie sehen. Sie grüßen uns aus ferner Zeit, sie repräsentieren Galaxien, die weit, weit weg sind. Ihr Blau ergibt sich aus dem Glühen frisch geformter, kurzlebiger, massereicher, sehr heißer und sehr heller Sterne. Blass sind diese Galaxien nicht nur, weil sie so weit weg sind, sondern weil lichtstarke Sterne innerhalb dieser Galaxien sehr dünn gesät waren. Wie die Dinosaurier, die kamen und gingen und uns die Vögel als einzige moderne Nachfahren hinterließen, existieren diese blassblauen Galaxien nicht mehr, haben aber vermutlich ein Gegenstück im heutigen Universum. Sind alle ihre Sterne ausgebrannt? Schweben sie als unsichtbare verstreute Leichen durchs Universum? Haben sie sich zu den bekannten Zwerggalaxien von heute weiterentwickelt? Oder sind sie alle von größeren Galaxien geschluckt worden? Wir wissen es nicht, aber ihr Platz in der Chronik des Kosmos ist ihnen gewiss.

Bei all dem Zeug, das da zwischen den großen Galaxien herumfliegt, könnte man annehmen, dass uns manches davon den Blick auf das dahinter verstellt. Das könnte ein Problem für die meisten fernen Objekte im Universum darstellen, etwa für sogenannte Quasare. Quasare sind enorm helle Galaxienkerne, deren Licht üblicherweise schon Milliarden Jahre im Raum unterwegs war, bevor unsere Teleskope es einfingen. Als extrem weit entfernte Lichtquellen geben sie die perfekten Versuchskaninchen ab, um den ganzen Krimskrams dazwischen zu entdecken.

Wenn man das Licht eines Quasars in seine Farbkomponenten zerlegt, also ein Spektrum erhält, ist dieses, wie nicht anders zu erwarten, durchsetzt mit der absorbierenden Präsenz dazwischenfunkender Gaswolken. Jeder bekannte Quasar, ganz gleich wo am Himmel er auftaucht, liefert Hinweise auf die Eigenschaften Dutzender isolierter, über Zeit und Raum verstreuter Wasserstoffwolken. Dieser unverwechselbare Typus intergalaktischer Objekte wurde in den 1980er-Jahren erstmals identifiziert und bleibt ein aktives Feld der astrophysikalischen Forschung. Wo kamen Quasare her? Wie viel Masse enthalten sie?

Jeder bekannte Quasar zeigt diese Wasserstoffeigenschaften, wir schließen also daraus, dass es diese Wasserstoffwolken überall im Universum gibt. Und siehe da: Je weiter entfernt der Quasar, desto mehr Wolken finden wir in seinem Spektrum. Einige von ihnen (weniger als ein Prozent) sind einfach darauf zurückzuführen, dass unsere Sichtlinie durch das Gas einer gewöhnlichen Spiralgalaxie oder einer irregulären Galaxie verläuft. Man darf annehmen, dass zumindest einige Quasare hinter das Licht gewöhnlicher Galaxien fallen, die zu weit entfernt sind, um entdeckt zu werden. Aber der Rest dieser Absorber ist ohne jeden Zweifel als eigene Klasse kosmischer Objekte erkennbar.

Derweil passiert das Quasarlicht immer wieder Regionen des Weltraums, in denen gigantische Gravitationsquellen enthalten sind, welche das Bild des Quasars übel zurichten. Diese Gravitationsquellen sind oft schwer zu erkennen, weil sie aus gewöhnlicher Materie bestehen können, die einfach zu dunkel und zu weit entfernt ist. Vielleicht sind es aber auch Bereiche mit dunkler Materie, zum Beispiel das, was die Zentren und die umgebenden Regionen von Galaxienhaufen besetzt. In beiden Fällen gilt: Wo Masse ist, da ist auch Schwerkraft. Und wo Schwerkraft ist, da ist gekrümmter Raum, laut Einsteins Allgemeiner Relativitätstheorie. Und wo Raum gekrümmt ist, kann er die Krümmung einer gewöhnlichen Glaslinse nachahmen und den Weg des Lichts verändern, das durch ihn fließt. Tatsächlich wird das Bild ferner Quasare und ganzer Galaxien durch Objekte verzerrt, die zufällig in der Sichtlinie irdischer Teleskope liegen. Je nach Masse dieser »Linse« und der geometrischen Ausrichtung ihrer Sichtlinie ist sie in der Lage, die Lichtquelle im Hintergrund zu vergrößern, zu verzerren oder sogar in mehrere Bilder aufzuspalten – es geht quasi zu wie im Spiegelkabinett.

Eines der am weitesten entfernten (bekannten) Objekte im Universum ist kein Quasar, sondern eine gewöhnliche Galaxie, deren schwaches Licht durch eine dazwischenliegende Gravitationslinse massiv verstärkt wird. Wir müssen uns von nun an vielleicht auf diese »intergalaktischen« Teleskope verlassen, um in Räume (und Zeiten) zu blicken, die gewöhnliche Teleskope nicht erreichen können. Diese zeigen uns dann vielleicht die künftigen Rekordhalter in Sachen kosmischer Entfernung.

▪

Es gibt niemanden, der den intergalaktischen Raum nicht mag. Trotzdem kann es Ihrer Gesundheit abträglich sein, sich dorthin zu begeben. Ignorieren wir einmal die Tatsache, dass Sie augenblicklich erfrieren würden, wenn Ihr warmer Körper versucht, einen Ausgleich zum drei Kelvin kalten Universum herzustellen. Und ignorieren wir außerdem die Tatsache, dass Ihre Blutzellen platzen würden, während Sie durch den Mangel an Atmosphärendruck ersticken. Das sind bloß die normalen Risiken und Nebenwirkungen. Aus der Abteilung exotischer Ereignisse wird der intergalaktische

Raum regelmäßig von extrem hochenergetischen, superschnellen, geladenen subatomaren Partikeln durchschossen. Wir bezeichnen sie als kosmische Strahlung. Die energiereichsten dieser Teilchen besitzen hundert Millionen Mal mehr Energie als das, was wir in den weltgrößten Teilchenbeschleunigern zu generieren in der Lage sind. Ihr Ursprung ist weiterhin ein Rätsel, aber die meisten dieser geladenen Partikel sind Protonen, also Kerne von Wasserstoffatomen, und sie sind mit 99,9999999999999999999 Prozent der Lichtgeschwindigkeit unterwegs. Beachtlicherweise besitzt schon ein einziges dieser subatomaren Teilchen genug Energie, um einen Golfball von einer beliebigen Stelle auf dem Grün ins Loch zu befördern.

Das allerexotischste Treiben zwischen (und unter) den Galaxien im Vakuum von Raum und Zeit ist vielleicht das brodelnde Meer virtueller Partikel – nicht feststellbare Materie- und Antimateriepaare, die einfach auftauchen und wieder verschwinden. Diese eigenartige Voraussage der Quantenphysik wird als »Vakuumenergie« bezeichnet. Sie manifestiert sich als äußerer Druck, als Gegenkraft zur Schwerkraft, die in völliger Abwesenheit von Materie blüht und gedeiht. Vielleicht ist es gerade diese Vakuumenergie, die das sich beschleunigende Universum, die Inkarnation der dunklen Energie, antreibt.

Kein Zweifel, der intergalaktische Weltraum ist tatsächlich der Ort, wo die Post abgeht – und das wird auch immer so bleiben.

5.

DUNKLE MATERIE

Die Schwerkraft, die bekannteste aller Kräfte, führt uns diejenigen Phänomene der Natur vor Augen, von denen wir gleichzeitig praktisch alles und so gut wie nichts verstehen. Es brauchte schon den Verstand des brillantesten und bedeutendsten Kopfes des Millenniums, Isaac Newton, um zu erkennen, dass die mysteriöse »Wirkung aus der Ferne«, die die Schwerkraft darstellt, aus den natürlichen Effekten jedes Fitzelchens Materie erwächst und dass sich die Anziehungskraft zwischen zwei beliebigen Objekten mit einer einfachen algebraischen Gleichung darstellen lässt. Und es brauchte den Verstand des brillantesten und bedeutendsten Kopfes des vergangenen Jahrhunderts, Albert Einstein, um zu zeigen, dass wir die Fernwirkung der Schwerkraft noch genauer beschreiben können, wenn wir sie als Wölbung im Raum-Zeit-Gefüge begreifen, die aus jeder beliebigen Kombination von Materie und Energie entsteht. Einstein zeigte, dass Newtons Theorie einer gewissen Anpassung bedarf, um die Schwerkraft akkurat zu beschreiben – etwa um vorauszusagen, wie stark Lichtstrahlen abgelenkt werden, wenn sie ein massives Objekt passieren. Zwar sind Einsteins Gleichungen noch raffinierter als diejenigen Newtons, aber sie bringen eben die Materie, die wir alle kennen und lieben, wirklich perfekt unter. Materie, die wir sehen, berühren, fühlen, riechen und von Fall zu Fall auch schmecken können.

Wir wissen nicht, wer diese Reihe der Genies fortsetzen wird, aber wir warten jetzt schon fast ein Jahrhundert auf jemanden, der uns erklärt, wieso diese ganze Kraft der Gravitation, die wir im Weltraum gemessen haben – ca. 85 Prozent davon –, von Substanzen ausgeht, die ansonsten in keiner Weise mit »unserer« Materie oder Energie interagieren. Oder vielleicht kommt diese überschüssige Schwerkraft auch gar nicht aus Materie und Energie, sondern geht von etwas konzeptionell völlig anderem aus. Wie man es auch anpackt: Letztendlich wissen wir nicht, was Sache ist. Wir sind einer Antwort heute kein Stück näher, als wir es 1937 waren, als dieses »Problem der fehlenden Masse« vom schweizerisch-amerikanischen Astrophysiker Fritz Zwicky erstmals umfassend analysiert wurde. Er lehrte über 40 Jahre lang am California Institute of Technology und verband dabei seine tiefen Einsichten in den Kosmos mit einer anschaulichen Ausdrucksweise und einer beeindruckenden Fähigkeit, seine Kollegen vor den Kopf zu stoßen.

Zwicky studierte die Bewegung einzelner Galaxien innerhalb eines gigantischen Galaxienhaufens, weit jenseits der hiesigen Sterne der Milchstraße, die zusammen das Sternbild »Haar der Berenike« bilden (Berenike war eine antike ägyptische Königin). Der Coma-Cluster, wie wir ihn nennen (Cluster = Haufen), ist ein isoliertes und reich bestücktes

Ensemble von Galaxien in über 300 Millionen Lichtjahren Entfernung. Seine mehreren Tausend Galaxien kreisen um das Zentrum des Galaxienhaufens und bewegen sich ansonsten in alle Richtungen, wie Bienen, die ihren Bienenstock umschwirren. Anhand der Bewegungen einiger Dutzend Galaxien schloss Zwicky auf das Gravitationsfeld, das den ganzen Galaxienhaufen zusammenhält, und ermittelte als durchschnittliche Geschwindigkeit dieser Objekte einen geradezu schockierend hohen Wert. Da größere Gravitationskräfte bei den Objekten, die sie anziehen, höhere Geschwindigkeiten bewirken, folgerte Zwicky, der Coma-Cluster müsse eine gewaltige Masse haben. Als eine Art Faktencheck zu dieser Annahme können Sie die Massen aller Teilgalaxien addieren, die Sie sehen. Und obschon Coma zu den größten und massivsten Galaxienhaufen im ganzen Universum zählt, enthält er nicht genug sichtbare Galaxien, um die von Zwicky gemessenen und beobachteten Geschwindigkeiten zu erklären.

Wie übel ist die Lage nun? Haben uns die bekannten Gesetze der Schwerkraft im Stich gelassen? Innerhalb des Sonnensystems funktionieren sie auf jeden Fall. Newton bewies, dass man die exakte Geschwindigkeit ableiten kann, die ein Planet haben muss, um eine stabile Kreisbahn in einem beliebigen Abstand zur Sonne zu wahren, ohne sich der Sonne anzunähern oder in einen weiter entfernten Orbit aufzusteigen. Wie sich zeigt, würde die Erde, wenn wir ihre heutige Orbitalgeschwindigkeit auf mehr als das $\sqrt{2}$-fache

($\sqrt{2}$ = 1,4142...) steigern könnten, die nötige »Fluchtgeschwindigkeit« erreichen und das Sonnensystem für immer verlassen. Die gleiche Logik können wir auch auf wesentlich größere Systeme anwenden, etwa auf unsere eigene Milchstraße, in der sich Sterne auf Umlaufbahnen bewegen, die auf die Schwerkraft aller anderen Sterne reagieren; oder in Galaxienhaufen, in denen jede Galaxie in entsprechender Weise die Gravitation aller anderen Galaxien zu spüren bekommt. In diesem Geist brachte Einstein inmitten einer Seite mit Formeln in seinem Notizbuch ein kleines Gedicht zu Ehren von Isaac Newton zu Papier:

> Seht die Sterne, die da lehren
> Wie man soll den Meister ehren
> Jeder folgt nach Newtons Plan
> Ewig schweigend seiner Bahn.*

Wenn wir den Coma-Cluster untersuchen, wie Zwicky das in den 1930er-Jahren tat, stellen wir fest, dass die dazugehörigen Galaxien allesamt mit einer höheren als der Fluchtgeschwindigkeit für den Galaxienhaufen unterwegs sind. Letzterer müsste daher zügig auseinanderdriften, und nach ein paar Hundert Millionen Jahren wäre vom Bienenstock so gut wie nichts mehr übrig. Aber der Galaxienhaufen ist schon

* Manuskriptnotiz, zitiert in Károly Simonyi, *Kulturgeschichte der Physik* (Leipzig u. a., Urania-Verlag 1990).

über zehn Milliarden Jahre alt, fast so alt wie das Universum selbst. Damals entstand mithin das bis heute langlebigste ungelöste Geheimnis der Astrophysik.

▪

In den Jahrzehnten nach der Arbeit Zwickys zeigten andere Galaxienhaufen das gleiche Problem. Man konnte Coma also noch nicht einmal vorwerfen, so völlig anders als die anderen zu sein. Aber wem geben wir dann die Schuld? Newton? Ich denke nicht. Zumindest noch nicht. Seine Theorien werden seit 250 Jahren geprüft und haben alle Tests bestanden. Einstein? Nein. Die formidable Gravitation der Galaxienhaufen ist immer noch nicht so stark, dass man ihr mit der vollen Breitseite von Einsteins Allgemeiner Relativitätstheorie kommen muss – die war gerade mal 20 Jahre alt, als Zwicky seine Forschungen unternahm. Vielleicht existiert die »fehlende Masse«, die es braucht, um die Galaxien des Coma-Clusters zusammenzuhalten, sehr wohl, nur eben in einer unbekannten, unsichtbaren Form. Heute arbeiten wir mit der Bezeichnung »dunkle Materie« – was nicht heißen soll, dass irgendetwas fehlt. Es impliziert vielmehr, dass eine neue Art von Materie existieren muss, die noch der Entdeckung harrt.

Gerade als die Astrophysiker sich mit der dunklen Materie in Galaxienhaufen als mysteriöses Etwas abgefunden hatten, tauchte das Problem wieder aus dem Dunkel auf. 1976 entdeckte die kürzlich verstorbene Vera Rubin, Astrophysikerin an der Carnegie Institution in Washington, eine ähnliche Materieanomalie innerhalb von Spiralgalaxien selbst. Bei der Untersuchung der Geschwindigkeit, mit der Sterne die Zentren ihrer Galaxien umkreisen, fand Rubin zunächst das Erwartete: Im Bereich der sichtbaren Scheibe jeder Galaxie bewegten sich die zentrumsfernen Sterne schneller als die zentrumsnahen. Die weiter entfernten Sterne haben zwischen sich und dem Zentrum der Galaxie mehr Masse (andere Sterne und Gas), was ihre höheren Umlaufgeschwindigkeiten möglich macht. Unterhalb der leuchtenden Scheibe der Galaxie befinden sich aber immer noch einige isolierte Gaswolken und ein paar helle Sterne. Mit diesen Objekten als Indikatoren des Gravitationsfelds außerhalb der lichtstärksten Teile der Galaxie, wo keine sichtbare Materie zum Gesamtbild hinzukommt, entdeckte Rubin, dass deren Umlaufgeschwindigkeiten, die nun – irgendwo im Niemandsland und mit zunehmendem Abstand vom Zentrum – eigentlich abnehmen müssten, dennoch hoch blieben.

Diese weitgehend leeren Bereiche des Weltraums – im sprichwörtlichen »jwd« jeder Galaxie – enthalten zu wenig sichtbare Materie, die die anomal hohen Umlaufgeschwindigkeiten der Indikatoren erklären könnte. Rubin schloss daraus korrekt, dass irgendeine Art von dunkler Materie in diesen entlegenen Regionen vorhanden sein müsse, weit jenseits des sichtbaren Rands jeder Spiralgalaxie. Dank der Arbeit Rubins nennen wir diese mysteriösen Zonen heute »Halos aus dunkler Materie«.

Dieses Halo-Problem haben wir direkt vor der Nase, in der

Milchstraße. Die Diskrepanz zwischen der aus sichtbaren Objekten ermittelten Masse und der auf der Basis der Gesamtgravitation geschätzten Masse dieser Objekte reicht von Galaxie zu Galaxie und von Haufen zu Haufen von geringen Faktoren bis hin zu einem Faktor von mehreren Hundert. Über das gesamte Universum gesehen liegt die Diskrepanz beim Faktor sechs: Die kosmische dunkle Materie besitzt sechs Mal so viel Schwerkraft wie alle sichtbare Materie zusammengenommen.

Weitere Forschungen haben ergeben, dass die dunkle Materie nicht aus gewöhnlicher Materie bestehen kann, die zu wenig oder gar keine Leuchtkraft besitzt. Diese Schlussfolgerung beruht auf zwei Argumentationsketten. Zunächst können wir mit nahezu hundertprozentiger Gewissheit alle plausiblen »üblichen Verdächtigen« ausschließen, wie die falschen Kandidaten in einer Gegenüberstellung der Polizei. Könnte die dunkle Materie in schwarzen Löchern zu Hause sein? Nein, schwarze Löcher in entsprechend großer Zahl hätten wir gewiss anhand ihrer Gravitationseffekte auf nahe gelegene Sterne erkannt. Könnten es dunkle Wolken sein? Nein, denn die würden das Licht von dahinterliegenden Sternen absorbieren oder auf andere Weise damit interagieren, was die echte dunkle Materie nicht tut. Könnten es interstellare (oder intergalaktische) Ausreißerplaneten, -asteroiden und -kometen sein, die allesamt kein eigenes Licht produzieren? Kaum anzunehmen, dass das Universum sechs Mal mehr Masse in Planeten hervorbringt als in Sternen, denn das würde bedeuten: 6000 Jupiters für unser Sonnensystem und jeden Stern in der Galaxie, oder schlimmer noch: zwei Millionen Erden. Im Sonnensystem verfügen zum Beispiel alle Himmelskörper zusammengenommen – mit Ausnahme der Sonne – über noch nicht einmal 0,2 Prozent der Masse der Sonne.

Direktere Hinweise auf die Eigenart der dunklen Materie ergeben sich aus der relativen Menge von Wasserstoff und Helium im Universum. Zusammen liefern diese Zahlen einen kosmischen Fingerabdruck, den das frühe Universum hinterlassen hat. Die Bildung der Atomkerne während der ersten paar Minuten nach dem Urknall hinterließ ziemlich genau einen Heliumkern pro zehn Wasserstoffkernen (welche selbst einfach Protonen sind). Wäre der größte Teil der dunklen Materie an der Bildung der Atomkerne beteiligt gewesen, so müsste es, wie Berechnungen zeigen, deutlich mehr Helium im Verhältnis zu Wasserstoff im Universum geben. Daraus folgern wir, dass der größte Teil der dunklen Materie – also der Masse im Universum – nicht bei der Bildung der Atomkerne mitspielt. Damit fällt sie als »gewöhnliche« Materie aus, deren Wesen ja gerade in der Bereitschaft liegt, sich an atomaren und nuklearen Kräften zu beteiligen, die die uns bekannte Materie formen. Detaillierte Beobachtungen der kosmischen Mikrowellenhintergrundstrahlung, die eine separate Überprüfung dieser Schlussfolgerung zulassen, bestätigen das Ergebnis: Dunkle Materie und Atomkernbildung gehen nicht zusammen.

Folglich besteht dunkle Materie, soweit wir uns das vorstellen können, nicht einfach aus Materie, die zufällig dunkel ist. Sie ist etwas vollkommen anderes. Dunkle Materie übt Schwerkraft nach den gleichen Regeln aus, an die sich die gewöhnliche Materie hält, tut aber ansonsten wenig, das uns gestatten würde, sie zu entdecken. Natürlich lähmt uns bei dieser Analyse die Tatsache, dass wir nicht wissen, was dunkle Materie überhaupt ist. Wenn alle Masse Schwerkraft ausübt, gibt es dann auch zu jeder Schwerkraft Masse? Wir wissen es nicht. Vielleicht ist ja gar nicht die Materie das Problem und wir verstehen bloß die Gravitation nicht.

▪

Die Diskrepanz zwischen dunkler und gewöhnlicher Materie variiert signifikant von einer astrophysikalischen Umgebung zur anderen. Am deutlichsten tritt sie bei großen Einheiten wie Galaxien und Galaxienhaufen zutage. Bei den kleinsten Objekten, also etwa Monden und Planeten, treten keine Abweichungen auf. Die Schwerkraft auf der Erdoberfläche lässt sich beispielsweise voll und ganz durch das Material erklären, auf dem wir herumlaufen. Wenn Sie Übergewicht haben, sagen Sie also nicht, es läge an der dunklen Materie. Dunkle Materie beeinflusst auch weder die Umlaufbahn des Mondes um die Erde noch die Bahnen der Planeten um die Sonne – aber wie bereits festgestellt, brauchen wir sie, um die Bewegung der Sterne um das Zentrum der Galaxie zu erklären.

Ist im galaktischen Maßstab eine andere Art von Gravitationsphysik am Werk? Vermutlich nicht. Eher dürfte dunkle Materie aus Materie bestehen, deren Wesen wir erst noch erkunden müssen und die sich auf diffusere Weise anhäuft, als gewöhnliche Materie dies tut. Andernfalls würden wir die Schwerkraft der über das Universum verstreuten, konzentrierten Brocken dunkler Materie erkennen können – Kometen aus dunkler Materie, Planeten aus dunkler Materie, Galaxien aus dunkler Materie. Soweit wir bisher sagen können, liegen die Dinge anders.

Was wir wissen, ist: Die Materie, die uns im Universum so ans Herz gewachsen ist – der Stoff, aus dem die Sterne sind, die Planeten, das Leben –, ist nicht viel mehr als ein dünner Zuckerguss auf dem kosmischen Kuchen, bescheidene Bojen, die in einem riesigen kosmischen Ozean treiben, der aus etwas besteht, das aussieht, als wäre es nichts.

▪

Während der ersten halben Million Jahre nach dem Urknall – ein Wimpernschlag in der 14 Milliarden Jahre währenden Zeitspanne kosmischer Geschichte – hatte die Materie im Universum bereits begonnen, sich zu Klumpen zusammenzuschließen, aus denen irgendwann Galaxienhaufen und Supergalaxienhaufen werden sollten. Aber der Kosmos verdoppelte seine Größe in der nächsten halben Million Jahre und wuchs danach immer weiter. Zwei konkurrierende Kräfte im Universum konnten sich einfach nicht einigen: Die

Gravitation möchte, dass sich das Material verdichtet, die Expansion will das Gegenteil, nämlich verdünnen. Wer seine Mathe-Hausaufgaben gemacht hat, erkennt schnell, dass die Gravitation der gewöhnlichen Materie alleine diesen Kampf nicht gewinnen konnte. Sie bedurfte der Hilfe durch dunkle Materie, ohne die wir in einem Universum ohne Strukturen leben oder vielmehr nicht leben würden: keine Galaxienhaufen, keine Galaxien, keine Sterne, keine Planeten, keine Menschen.

Wie viel Gravitation durch dunkle Materie brauchte es dafür? Das Sechsfache dessen, was die gewöhnliche Materie allein zustande brachte. Genau die Menge, die wir im Universum messen. Diese Analyse verrät uns nicht, was dunkle Materie ist, sie sagt uns nur, dass die Effekte der dunklen Materie real sind und auch beim besten Willen nicht der »hellen« Materie zugeschrieben werden können.

▪

Die dunkle Materie ist uns mithin Freund und Feind zugleich. Wir wissen absolut nicht, was es ist. Das nervt schon irgendwie. Aber wir brauchen sie unbedingt in unseren Berechnungen, um zu einer akkuraten Beschreibung des Universums zu kommen. Wir Wissenschaftler fühlen uns generell nicht wohl in unserer Haut, wenn wir unsere Berechnungen auf Konzepte stützen müssen, die wir nicht verstehen, aber wenn's nicht anders geht, tun wir auch das. Und die dunkle Materie ist nicht unser erstes derartiges Abenteuer.

Im 19. Jahrhundert maßen Wissenschaftler beispielsweise den Energieausstoß der Sonne und zeigten damit deren Auswirkungen auf unsere Jahreszeiten und das Klima, lange bevor irgendjemand wusste, dass diese Energie durch thermonukleare Fusion entsteht. Damals waren unter den besten Erklärungsversuchen Dinge, über die man heute nur noch lachen kann, etwa dass die Sonne ein riesiger, brennender Brocken Kohle sei. Und ebenfalls im 19. Jahrhundert beobachteten wir Sterne, ermittelten ihre Spektren und klassifizierten sie, lange vor der Einführung der Quantenphysik im 20. Jahrhundert, die uns erst verständlich machte, wie es kommt, dass diese Spektren so aussehen, wie sie aussehen.

Hartnäckige Skeptiker könnten die dunkle Materie von heute mit dem hypothetischen und inzwischen aus der Wissenschaft verabschiedeten »Äther« vergleichen, in dem man im 19. Jahrhundert das gewichtslose, transparente und das Vakuum des Weltraums ausfüllende Medium vermutete, durch das sich Licht bewegt. Bis zu jenem berühmten Experiment, mit dem Albert Michelson und Edward Morley an der Case Western Reserve University 1887 in Cleveland das Gegenteil bewiesen, versicherten die Wissenschaftler, diesen Äther müsse es geben, ohne auch nur den kleinsten Nachweis für die Hypothese vorlegen zu können. Man nahm an, das Licht als Welle benötige ein Medium, über das es seine Energie transportieren kann, ganz ähnlich wie der Schall Luft oder eine andere Substanz braucht, um seine Wellen übertragen zu können. Aber das Licht scheint kein

Problem damit zu haben, durch das Vakuum des Weltraums zu reisen, ganz ohne Medium, das es trägt. Im Unterschied zu Schallwellen, die aus Luftvibrationen bestehen, erkannte man Lichtwellen als sich selbst fortpflanzende Energiepakete, die keiner Hilfe bedurften.

Die Unkenntnis über dunkle Materie ist etwas völlig anderes als die Unkenntnis über den Äther. Der Äther war ein Platzhalter für unser unvollständiges Verstehen, die Existenz der dunklen Materie leitet sich dagegen nicht aus bloßen Annahmen ab, sondern aus beobachteten Effekten ihrer Gravitation auf sichtbare Materie. Wir erfinden die dunkle Materie nicht aus dem Nichts; wir schließen aus beobachtungsgestützten Fakten auf ihre Existenz. Dunkle Materie ist genauso real wie die vielen Exoplaneten, die in Umlaufbahnen anderer Sterne als der Sonne gefunden wurden. Und entdeckt wurden sie einzig und allein anhand des Einflusses ihrer Gravitation auf ihre Heimatsterne, nicht durch die direkte Messung ihres Lichts.

Das größte anzunehmende Missgeschick für uns wäre die Entdeckung, dass dunkle Materie überhaupt nicht aus Materie besteht, sondern aus etwas anderem. Sehen wir möglicherweise die Wirkung von Kräften aus einer anderen Dimension? Spüren wir die gewöhnliche Schwerkraft gewöhnlicher Materie, wie sie die Membran eines dem unseren benachbarten Phantom-Universums durchquert? Wenn ja, wäre dies vielleicht nur eines von unendlich vielen Universen, aus denen das Multiversum besteht. Klingt exotisch und unglaubhaft. Aber ist das etwa verrückter als die ersten Behauptungen, denen zufolge die Erde um die Sonne kreist? Dass die Sonne nur einer von hundert Milliarden Sternen in der Milchstraße ist? Oder dass die Milchstraße nur eine von hundert Milliarden Galaxien im Universum ist?

Selbst wenn sich auch nur eine dieser fantastischen Darstellungen als zutreffend herausstellen sollte, würde dies nichts an der erfolgreichen Einbeziehung der Gravitation dunkler Materie in die Gleichungen ändern, mit denen wir uns die Entstehung und Evolution des Universums zu erklären versuchen.

Andere unbeirrte Skeptiker könnten sich auf den Standpunkt stellen, »ich glaube, was ich sehe« – eine Haltung, die sich in vielen Lebenslagen bewährt, etwa im Maschinenbau, beim Angeln und vermutlich auch bei der Partnersuche. In der Wissenschaft kommt man damit nicht sehr weit. In der Wissenschaft geht es nicht bloß ums Sehen, es geht ums Messen, vorzugsweise gerade *nicht* mit den eigenen Augen, denn die schleppen unausweichlich den Ballast des jeweils eigenen Gehirns mit sich herum. Und dieser Ballast ist nicht selten ein lästiger Rucksack voller vorgefasster Ideen, nachgeplapperter Ansichten und schlichter Voreingenommenheit.

▪

Auch wenn sie sich seit rund 75 Jahren erfolgreich Versuchen widersetzt, sie direkt auf der Erde zu entdecken, bleibt die dunkle Materie im Spiel. Teilchenphysiker sind sich sicher, dass dunkle Materie aus einer geisterhaften Klasse bislang unentdeckter Partikel besteht, die via Gravitation mit Materie interagieren, abgesehen davon jedoch mit Materie oder Licht nur wenig bis gar nicht. Wenn Ihnen danach ist, auf Physik zu wetten, wären diese Partikel vielleicht einen kleinen Einsatz wert. Die weltgrößten Teilchenbeschleuniger versuchen, aus den Überbleibseln von Partikelkollisionen Partikel dunkler Materie herzustellen. Und in speziell gestalteten Labors tief unter der Erde wird versucht, Partikel dunkler Materie passiv zu entdecken, für den Fall, dass sie aus dem Weltraum bei uns vorbeischauen. Ein unterirdischer Standort schirmt die Einrichtung auf natürliche Weise vor bekannten kosmischen Teilchen ab, die ansonsten die Detektoren austricksen und sich als dunkle Materie ausgeben könnten.

Vielleicht ist das alles ja viel Lärm um nichts. Aber für die Idee von schwer fassbaren Partikeln dunkler Materie gibt es sehr gute Präzedenzfälle. Neutrinos wurden beispielsweise auch vorhergesagt und schließlich entdeckt, wenngleich sie nur extrem schwach mit gewöhnlicher Materie in Wechselwirkung treten. Der ausgiebige Fluss solarer Neutrinos – zwei Neutrinos für jeden Heliumkern, der aus der Fusion aus Wasserstoff im thermonuklearen Kern der Sonne hervorgeht – verlässt die Sonne unbeschadet durch die Sonne selbst, durchquert das Vakuum des Weltraums mit nahezu Lichtgeschwindigkeit und rauscht dann durch die Erde hindurch, als wäre sie gar nicht da. In Zahlen: Tag und Nacht passieren hundert Milliarden Neutrinos von der Sonne jeden Quadratzentimeter Ihres Körpers, in jeder Sekunde, ohne eine Spur von Interaktion mit den Atomen Ihres Körpers zu hinterlassen. Trotz dieser extremen Flüchtigkeit lassen sich Neutrinos unter besonderen Umständen stoppen – und ein Partikel stoppen zu können heißt, es entdeckt zu haben.

Dunkle Materiepartikel könnten sich durch ähnlich rare Interaktionen offenbaren, oder, noch faszinierender, vielleicht manifestieren sie sich über andere Kräfte als die starke Kernkraft, die schwache Kernkraft und den Elektromagnetismus. Diese drei bilden zusammen mit der Schwerkraft die »Fab Four« der Kräfte des Universums und bewirken sämtliche Interaktionen zwischen allen bekannten Teilchen. Die Wahlmöglichkeiten sind also klar. Entweder die dunklen Materiepartikel müssen warten, bis wir eine neue Kraft oder Kräfteklasse entdecken, über die ihre Teilchen in Interaktion treten, und diese auch kontrollieren können – oder die dunklen Materiepartikel interagieren sehr wohl über die normalen Kräfte, nur eben unglaublich schwach.

Die Wirkungen der dunklen Materie sind mithin real, wir wissen bloß nicht, was die Materie selbst ist. Dunkle Materie scheint nicht über die starke Kernkraft zu interagieren, also kann sie keine Atomkerne bilden. Auch eine Interaktion mit der schwachen Kernkraft wurde bisher nicht festgestellt, und das bringen sogar die äußerst flüchtigen Neutrinos fertig. Mit der elektromagnetischen Kraft interagiert sie anscheinend auch nicht, folglich bildet sie keine Moleküle und konzentriert sich so auch nicht zu dichten Kugeln. Und sie absorbiert, emittiert, reflektiert oder streut auch kein Licht. Wie wir aber vom Anfang des Kapitels wissen, übt dunkle Materie tatsächlich Schwerkraft aus, auf die die gewöhnliche Materie reagiert. Das war's aber auch schon. Nach all den Jahren haben wir nichts darüber herausgefunden, was sie sonst noch so treibt.

Für den Moment müssen wir uns damit zufriedengeben, die dunkle Materie als geheimnisvollen, unsichtbaren Freund an unserer Seite zu haben, den wir herbeizitieren, wo und wann immer das Universum uns dazu veranlasst.

6.

DUNKLE ENERGIE

Als ob wir nicht schon genug um die Ohren hätten, wurde in den zurückliegenden Jahrzehnten festgestellt, dass das Universum einen mysteriösen Druck ausübt, der vom Vakuum des Weltraums ausgeht und der kosmischen Gravitation direkt entgegenwirkt. Und nicht nur das: Diese »negative Schwerkraft« wird das Tauziehen am Ende sogar gewinnen, denn sie ist es, die die kosmische Expansion zwingt, sich in der Zukunft exponentiell zu beschleunigen.

Wenn Sie einen Schuldigen für die schwindelerregendsten Ideen in der Physik des 20. Jahrhunderts suchen, nehmen Sie einfach Einstein.

Albert Einstein hat kaum jemals ein Labor von innen gesehen; er hat keine Phänomene getestet oder aufwendige Apparaturen benutzt. Er war ein Theoretiker, der das »Gedankenexperiment« zur Perfektion entwickelt hat. Dabei wird die Natur über die eigene Vorstellungskraft einbezogen, man erfindet eine Situation oder ein Modell und arbeitet dann die Folgen eines bestimmten physikalischen Prinzips aus. Im Deutschland der frühen 1930er Jahre hatte die Laborphysik eindeutig Vorrang vor der theoretischen Physik, jedenfalls in der Vorstellung der meisten »arischen« Wissenschaftler. Jüdische Physiker verwies man in den subalternen Sandkasten der Theoretiker, da konnten sie dann vor sich hin denken. Nicht übel, was dieser Sandkasten so alles hervorbrachte.

Wenn, wie bei Einstein, das Modell eines Physikers das ganze Universum darstellen soll, dann wäre ein Eingriff in das Modell gleichbedeutend mit einem Eingriff in das Universum selbst. Beobachter und Experimentalphysiker können sich dann auf die Suche nach den im Modell vorhergesagten Phänomenen begeben. Ist das Modell fehlerhaft oder unterläuft den Theoretikern ein Fehler in ihren Berechnungen, werden die Beobachter eine Diskrepanz zwischen den Modellvorhersagen und den Gegebenheiten im realen Universum feststellen. Das ist das erste Zeichen für den Theoretiker, sich wieder zurück ans sprichwörtliche Reißbrett zu begeben und entweder das alte Modell zu überarbeiten oder ein neues zu erstellen.

Eines der gewaltigsten und weitreichendsten theoretischen Modelle, das jemals entwickelt wurde, haben wir auf diesen Seiten bereits vorgestellt: Einsteins Allgemeine Relativitätstheorie – Sie dürfen sie auch gerne »ART« nennen, wenn Sie sie etwas besser kennengelernt haben. Die ART wurde 1916 veröffentlicht und beschreibt die relevanten mathematischen Details, wie sich alles im Universum unter dem Einfluss der Schwerkraft bewegt. Alle paar Jahre lassen sich Laborwissenschaftler immer präzisere Experimente einfallen, mit denen sie überprüfen, ob die Theorie noch exakter zutrifft als bis dahin nachgewiesen. Ein modernes Beispiel für diese atemberaubende Kenntnis der Natur, die uns Einstein geschenkt hat, stammt aus dem Jahr 2016. In einem speziell dafür konzipierten und optimierten Observatorium wurden die Gravitationswellen entdeckt.* Diese von Einstein vorausgesagten Wellen sind Kräuselungen, die sich mit Lichtgeschwindigkeit über das Raum-Zeit-Gefüge bewegen und durch schwere Störungen der Gravitationskräfte, etwa durch die Kollision zweier schwarzer Löcher, hervorgerufen werden.

Und exakt das hat man beobachtet. Die Gravitationswellen bei der ersten Entdeckung wurden durch eine Kollision schwarzer Löcher in einer Galaxie in 1,3 Milliarden Lichtjahren Entfernung ausgelöst, zu einer Zeit, als es auf der Erde von einfachen, einzelligen Organismen wimmelte. Während sich diese Wellen in alle Richtungen durch den Raum bewegten, entwickelte sich auf der Erde, nach weiteren 800 Millionen Jahren, komplexes Leben, mit Blumen und Dinosauriern und flugfähigen Wesen sowie einem Zweig bestimmter Wirbeltiere, der sogenannten Säugetiere. Unter diesen Säugetieren entwickelte eine weitere Verästelung Frontallappen und, damit einhergehend, komplexes Denken. Wir bezeichnen sie als Primaten. Eine weitere Unterverästelung dieser

* Das Laser Interferometer Gravitational-Wave Observatory (LIGO) gibt es gleich zwei Mal: in Hanford, Washington, und in Livingston, Louisiana.

Primaten entwickelte dann eine genetische Mutation, die das Sprechen möglich machte, und diese Verästelung – der *Homo sapiens* – sollte irgendwann die Landwirtschaft und die Zivilisation und die Philosophie und die Kunst und die Wissenschaft erfinden. Das alles in den letzten zehntausend Jahren. Und schließlich würde einer dieser Wissenschaftler des 20. Jahrhunderts die Relativität erfinden, einfach so in seinem Kopf, und die Existenz von Gravitationswellen vorhersagen. Ein Jahrhundert danach war dann die Technologie, die in der Lage ist, diese Wellen zu erkennen, schließlich auf dem Stand der Vorhersage angelangt, nur wenige Tage bevor diese Gravitationswelle, die immerhin schon 1,3 Milliarden Jahre unterwegs war, die Erde überspülte und entdeckt wurde.

Einstein hatte es schon drauf.

▪

Die meisten wissenschaftlichen Modelle sind, wenn sie erstmals vorgestellt werden, ziemlich halb gar, sie lassen Spielraum, um sie später nachjustieren und besser an das bekannte Universum anpassen zu können. Im »heliozentrischen« Universum, das der Mathematiker Nikolaus Kopernikus im 16. Jahrhundert entworfen hatte, bewegten sich die Planeten auf perfekten Kreisbahnen. Was das Umkreisen der Sonne anging, lag Kopernikus richtig, was schon einen enormen Fortschritt gegenüber dem »geozentrischen« Universum bedeutete. Nur mit der perfekten Kreisbahn lag er ein wenig daneben – alle Planeten ziehen auf abgeflachten Kreisbahnen, sogenannten Ellipsen, um die Sonne, und selbst diese Form beschreibt die tatsächlichen, noch komplexeren Bahnen der Planeten nur näherungsweise. Kopernikus' Grundgedanke war korrekt, und darauf kam es an. Er musste nur ein wenig nachjustiert werden, um die Realität präziser zu beschreiben.

Im Fall von Einsteins Relativität erfordern hier jedoch die Grundprinzipien der gesamten Theorie, dass alles exakt wie vorausgesagt passieren muss. Einstein hatte im Prinzip etwas aufgebaut, das wie ein Kartenhaus aussieht, bei dem nur zwei oder drei simple Postulate die gesamte Struktur zusammenhalten. Als Einstein von einem Buch aus dem Jahr 1931 mit dem Titel *Hundert Autoren gegen Einstein** erfuhr, meinte er dazu: »Hätte ich unrecht, würde ein einziger Autor genügen, um mich zu widerlegen.«

In dem Büchlein wurde der Samen für einen der faszinierendsten Fehler der Wissenschaftsgeschichte gesät. Einsteins neue Gravitationsgleichungen enthielten einen Term, den er als »kosmologische Konstante« bezeichnete und für die er den griechischen Großbuchstaben Lambda verwendete: Λ. Diese kosmologische Konstante, ein mathematisch zulässiger, aber optionaler Term, gab ihm die Möglichkeit, ein statisches Universum darzustellen.

* R. Israel, E. Ruckhaber, R. Weinmann et al., *Hundert Autoren gegen Einstein* (Verlag R. Voigtländer, Leipzig 1931).

Zu jener Zeit lag der Gedanke, unser Universum würde mehr als »einfach nur da sein«, außerhalb jeder Vorstellungskraft. Lambda hatte also ausschließlich die Funktion, innerhalb von Einsteins Modell der Schwerkraft entgegenzuwirken, ihrer natürlichen Neigung, das gesamte Universum zu einer einzigen, gigantischen Masse zusammenzuziehen. Auf diese Weise erfand Einstein ein Universum, das sich weder ausdehnt noch zusammenzieht, in Übereinstimmung mit allen Erwartungen der damaligen Zeit.

Der russische Physiker Alexander Friedmann sollte später mathematisch zeigen, dass Einsteins Universum zwar im Gleichgewicht, aber in einem instabilen Zustand war. Wie ein Ball, der auf dem Gipfel eines Hügels liegt und beim leichtesten Schubs in irgendeine Richtung hinunterrollen wird, oder wie ein Bleistift, der auf seiner Spitze balanciert, befand sich Einsteins Universum in prekärer Lage zwischen Expansion und totalem Kollaps. Außerdem war Einsteins Theorie neu, und nur weil man etwas einen Namen gibt, heißt das nicht, dass dieses Etwas auch real ist – Einstein wusste, dass Lambda, als negative natürliche Schwerkraft, keine bekannte Entsprechung im physikalischen Universum hatte.

▪

Einsteins ART ließ alles bisherige Denken über die Schwerkraftanziehung radikal hinter sich. Anstatt sich mit Sir Isaac Newtons Sicht der Schwerkraft als spukhafte Fernwirkung (eine Schlussfolgerung, die Newton selbst Unbehagen bereitete) zufriedenzugeben, betrachtet die ART die Schwerkraft als Reaktion einer Masse auf die lokale Krümmung von Raum und Zeit, die wiederum durch eine andere Masse oder ein anderes Energiefeld ausgelöst wird. Anders ausgedrückt: Massekonzentrationen bewirken Verzerrungen – »Dellen« trifft es eigentlich genauer – im Raum-Zeit-Gefüge. Diese Verzerrungen führen die in Bewegung befindlichen Massen entlang geodätisch* gerader Linien, auch wenn sie uns als die gekrümmten Bewegungsverläufe erscheinen, die wir als Umlaufbahnen bezeichnen. Der im Jahr 2008 verstorbene John Archibald Wheeler, ein amerikanischer Professor für theoretische Physik, drückte es am besten aus, als er Einsteins Konzept wie folgt zusammenfasste: »Die Materie sagt dem Raum, wie er sich zu krümmen hat; der Raum sagt der Materie, wie sie sich zu bewegen hat.«**

Letztendlich beschreibt die ART zwei Arten von Schwerkraft. Eine davon ist die bekannte, also etwa die Anziehungskraft zwischen der Erde und einem in die Höhe geworfenen Ball, oder zwischen der Sonne und den Planeten. Sie sagte

* »Geodätisch« ist ein etwas hochtrabender Begriff für die kürzeste Entfernung zwischen zwei Punkten auf einer gekrümmten Fläche – in diesem Fall erweitert auf die kürzeste Entfernung zwischen zwei Punkten auf dem gekrümmten, vierdimensionalen Raum-Zeit-Gefüge.

** In der Graduate School (wo ich meine Frau kennenlernte) besuchte ich John Wheelers Kurs über die Allgemeine Relativitätstheorie – er hat das oft gesagt.

auch eine weitere Varietät vorher – einen mysteriösen, der Schwerkraft entgegenwirkenden Druck, der mit dem Vakuum der Raumzeit selbst in Zusammenhang steht. Lambda konservierte etwas, von dessen Existenz Einstein und alle anderen Physiker seiner Zeit ganz fest ausgegangen waren: den Status quo eines statischen Universums. Sich auf einen instabilen Zustand als natürlichen Status eines physikalischen Systems zu berufen widerspricht dem wissenschaftlichen Credo. Man kann nicht behaupten, das gesamte Universum sei ein Sonderfall, der zufällig auf immer und ewig im Gleichgewicht bleiben werde. Nichts, rein gar nichts, was jemals in der Wissenschaftsgeschichte gesehen, gemessen oder erdacht wurde, hat sich so verhalten.

13 Jahre später, im Jahr 1929, entdeckte der amerikanische Astrophysiker Edwin P. Hubble, dass das Universum nicht statisch ist. Er hatte überzeugende Beweise dafür gefunden und zusammengestellt, dass andere Galaxien mit wachsender Entfernung immer schneller vor der Milchstraße zurückweichen. Mit anderen Worten: Das Universum dehnt sich aus. Peinlich berührt ob seiner kosmologischen Konstante, die keiner bekannten natürlichen Kraft entsprach, und ob der vertanen Gelegenheit, das expandierende Universum selbst vorauszusagen, ließ Einstein Lambda vollständig fallen und bezeichnete es als die »größte Eselei« seines Lebens. Indem er Lambda aus der Gleichung strich, nahm er dessen Wert als null an, wie in folgendem Beispiel: Gegeben ist $A = B + C$. Stellt man nun fest, dass $A = 10$ und $B = 10$ ist, dann ist A im-

mer noch gleich *B* plus *C*, nur dass in diesem Fall *C* gleich 0 ist und in der Gleichung nicht mehr gebraucht wird.

Aber das war noch nicht das Ende der Geschichte. Über die Jahrzehnte holten die Theoretiker Lambda immer mal wieder aus der Gruft und stellten sich vor, wie ihre Ideen wohl in einem Universum aussehen würden, das eben doch eine kosmologische Konstante hatte. 69 Jahre später, 1998, exhumierte die Wissenschaft Lambda ein letztes Mal. Zu Beginn desselben Jahres hatten zwei konkurrierende Teams von Astrophysikern Bemerkenswertes verlauten lassen. Eines der Teams stand unter der Leitung von Saul Perlmutter vom Lawrence Berkeley National Laboratory in Berkeley, Kalifornien, das andere führten gemeinsam Brian Schmidt von den Mount Stromlo and Siding Spring Observatorien in Canberra, Australien, und Adam Riess von der Johns Hopkins University in Baltimore, Maryland. Dutzende der entferntesten jemals beobachteten Supernovae leuchteten unter Berücksichtigung des gut dokumentierten Verhaltens dieser Spezies explodierender Sterne offenbar deutlich schwächer als erwartet. Es gab nur zwei mögliche Erklärungen: Entweder verhielten sich diese fernen Supernovae anders als ihre näher gelegenen Geschwister, oder sie waren um 15 Prozent weiter weg, als dies die geltenden kosmologischen Modelle vorsahen. Das einzig Bekannte, das diese Beschleunigung auf »natürliche« Weise erklären konnte, war Einsteins Lambda, die kosmologische Konstante. Als die Astrophysiker das gute Stück entstaubt und wieder in Einsteins ursprüngliche

Gleichungen der Allgemeinen Relativitätstheorie eingesetzt hatten, entsprach der bekannte Zustand des Universums wieder dem Stand von Einsteins Gleichungen.

▪

Die Massen der Supernovae in den Studien von Perlmutter und Schmidt entsprechen tatsächlich ihrem Gewicht an fusionsfähigen Atomkernen. Innerhalb gewisser Grenzen explodiert jeder dieser Sterne auf die gleiche Weise, entzündet die gleiche Menge »Treibstoff«, setzt die gleiche gigantische Energiemenge im gleichen Zeitraum frei und erreicht dadurch die gleiche Spitzenleuchtkraft. Damit dienen sie als eine Art Zollstock oder »Standardkerze« zur Berechnung kosmischer Abstände zu den Galaxien, in denen sie explodieren, bis hinaus in die entferntesten Weiten des Universums.

Standardkerzen vereinfachen diese Berechnungen immens: Da Supernovae alle die gleiche Wattzahl haben, erscheinen die weiter entfernten weniger hell als die näheren. Nach dem Messen ihrer Helligkeit (eine einfache Sache) können Sie exakt sagen, wie weit sie von uns und voneinander entfernt sind. Hätte jede Supernova eine unterschiedlich starke Leuchtkraft, könnte man anhand der Helligkeit allein nicht feststellen, wie weit sie relativ zu einer anderen entfernt ist. Eine dunklere könnte entweder eine weit entfernte mit hoher Wattzahl oder eine in der Nähe befindliche mit geringer Wattzahl sein.

So weit, so gut. Aber es gibt noch eine zweite Möglichkeit, den Abstand zu Galaxien zu messen: Die Geschwindigkeit, mit der sie sich von unserer Milchstraße entfernen – diese Fluchtbewegung ist das A und O der gesamten kosmischen Expansion. Wie Hubble als Erster nachwies, lässt das expandierende Universum ferne Objekte schneller vor uns fliehen als näher gelegene. Aus der Messung der Fluchtgeschwindigkeit einer Galaxie (auch das eine einfache Angelegenheit) lässt sich die Entfernung einer Galaxie ableiten.

Wenn diese beiden bewährten Methoden unterschiedliche Abstände für ein und dasselbe Objekt ergeben, muss etwas falsch sein. Entweder die Supernovae sind als Standardkerzen nicht brauchbar, oder mit unserem Modell für die Rate der kosmischen Expansion, gemessen anhand von Galaxiegeschwindigkeiten, stimmt etwas nicht.

In der Tat, etwas stimmt *wirklich* nicht. Wie sich zeigte, waren die Supernovae hervorragende Standardkerzen, die auch sorgsamste Untersuchungen zahlreicher skeptischer Forscher überstanden. Damit standen wir Astrophysiker vor einem Universum, das sich schneller ausgedehnt hatte als angenommen und das damit Galaxien weiter entfernt platziert, als dies auf der Basis ihrer Fluchtgeschwindigkeit zu erwarten gewesen wäre. Und es gab nur eine einzige sinnvolle Erklärung für die zusätzliche Expansion: Lambda musste wieder her, Einsteins kosmologische Konstante.

Hier war der erste unmittelbare Beweis, dass eine abstoßende, der Gravitation entgegenwirkende Kraft das Universum durchzog, und das war der Grund für die Auferstehung der kosmologischen Konstante aus dem Reich der Toten. Lambda war plötzlich zu einer physikalischen Realität geworden, die einen Namen brauchte, und damit betrat die »dunkle Energie« die Bühne in unserem kosmischen Drama; der Begriff erfasst bestens das Mysterium an sich und unsere dazugehörige Unkenntnis von dessen Ursache. Perlmutter, Schmidt und Riess teilten sich verdientermaßen 2011 den Physiknobelpreis für diese Entdeckung.

Die exaktesten aktuellen Messungen zeigen, dass die dunkle Energie die Hauptrolle in unserem Stück spielt – sie ist gegenwärtig für 68 Prozent der gesamten Massenenergie im Universum verantwortlich; die dunkle Materie steuert 27 Prozent bei, für die gewöhnliche Materie bleiben klägliche knappe fünf Prozent übrig.

▪

Die Form unseres vierdimensionalen Universums ergibt sich aus der Beziehung zwischen der Menge der im Kosmos vorhandenen Materie und Energie und der Geschwindigkeit, mit der sich der Kosmos ausdehnt. Ein praktisches mathematisches Maß dafür ist Omega: Ω, ein weiterer griechischer Großbuchstabe, der den Kosmos fest im Griff hat.

Nimmt man die Materie-Energie-Dichte des Universums und teilt diese durch die Materie-Energie-Dichte, die notwendig ist, um die Expansion gerade noch aufzuhalten (die sogenannte »kritische Dichte«), erhält man Omega.

Da sowohl Masse als auch Energie eine Verzerrung oder Krümmung der Raumzeit bewirken, verrät uns Omega die Form des Kosmos. Ist Omega kleiner als eins, fällt die tatsächliche Masse-Energie unter den kritischen Wert, und das Universum dehnt sich für alle Zeiten in alle Richtungen aus und nimmt dabei eine Sattelform an, in der ursprünglich parallele Linien auseinanderlaufen. Ist Omega gleich eins, dehnt sich das Universum für alle Zeit aus, aber nur gerade so. In diesem Fall ist die Form flach, und es bleiben alle geometrischen Regeln erhalten, die wir in der Schule über Parallelen gelernt haben. Ist Omega größer als eins, laufen parallele Linien zusammen, das Universum krümmt sich auf sich selbst zurück und wird letztendlich wieder zu dem Feuerball kollabieren, aus dem es hervorging.

Zu keinem Zeitpunkt seit Hubbles Entdeckung des expandierenden Universums hat irgendein Beobachterteam jemals verlässlich einen Wert für Omega ermitteln können, der auch nur in der Nähe von eins liegt. Nach Addition sämtlicher Masse und Energie, die sie mit ihren Teleskopen erfassen konnten, und selbst nach Extrapolation über diese Grenzen hinaus, einschließlich der dunklen Materie, ergaben sich aus den besten Beobachtungen Maximalwerte für Ω von etwa 0,3. Nach Überzeugung der Beobachter hatte das Universum sozusagen durchgehend geöffnet und ritt auf seinem Sattel in Richtung Zukunft – ohne Wiederkehr.

Zwischenzeitlich, ab dem Jahr 1979, nahmen der amerikanische Physiker Alan H. Guth vom Massachusetts Institute of Technology und einige Kollegen eine Anpassung der Urknalltheorie vor, die einige lästige Probleme aus der Welt schaffte, wenn es darum geht, ein Universum zu erhalten, das so nahtlos mit Materie und Energie angefüllt ist, wie man es von dem unseren weiß. Ein entscheidendes Nebenprodukt dieses Updates zum Urknall war, dass sich dadurch der Wert von Omega in Richtung eins bewegt. Nicht in Richtung 0,5 oder 2,0 oder eine Million, sondern in Richtung eins.

Kaum ein theoretischer Physiker in der Welt störte sich an dieser Voraussetzung, denn sie trug ja dazu bei, den Urknall für die globalen Eigenschaften des bekannten Universums verantwortlich zu machen. Dummerweise gab es da noch ein anderes winziges Problem: Das Update sagte drei Mal mehr Masse-Energie voraus, als die Beobachter finden konnten. Davon unbeeindruckt meinten die Theoretiker, die Beobachter müssten halt noch genauer hinschauen.

Zum Schluss konnte die sichtbare Materie gerade einmal fünf Prozent der kritischen Dichte beisteuern. Was war mit der mysteriösen dunklen Materie? Auch die addierten sie dazu. Niemand wusste, um was es sich bei ihr handelte, und wir wissen es noch immer nicht, aber zu unserem Ergebnis unter dem Strich hat sie ohne Zweifel beigetragen. So kommen wir auf fünf bis sechs Mal mehr dunkle Materie als sichtbare Materie. Aber auch das reicht noch längst nicht. Die beobachtenden Physiker wussten nicht mehr weiter, die theoretischen Physiker sagten: »Sucht weiter.«

Beide Seiten waren sich sicher, dass die jeweils andere

falsch lag – bis zur Entdeckung der dunklen Energie. Diese eine Komponente erhöhte, wenn man sie zur gewöhnlichen Materie, zur gewöhnlichen Energie und zur dunklen Materie addierte, die Masse-Energie-Dichte des Universums auf das kritische Niveau. Beobachter wie Theoretiker waren gleichermaßen zufrieden.

Erstmals überhaupt schlossen Theoretiker und Beobachter Frieden und taten sich zusammen. Beide hatten recht, jeder auf seine Weise. Omega ist tatsächlich gleich eins, genau wie es die Theoretiker vom Universum verlangt hatten, auch wenn man nicht darauf kommen kann, indem man sämtliche Materie – dunkle und andere – aufaddiert, wie sie naiverweise angenommen hatten. Es ist heute nicht mehr Materie im Kosmos zugange als jemals von der beobachtenden Physik geschätzt.

Niemand hatte die dominierende Präsenz der kosmischen dunklen Energie vorhergesehen, und niemand hatte erwartet, dass sie zum großen Schlichter aller Differenzen werden würde.

▪

Was also ist das für ein Ding? Niemand weiß es. Was der Sache am nächsten kommt, ist vermutlich die Annahme, dunkle Energie sei ein Quanteneffekt, bei dem das Vakuum des Raums nicht etwa leer ist, sondern nur so brodelt von Teilchen und ihren Gegenstücken aus dem Reich der Antimaterie. Sie tauchen paarweise auf und verschwinden wieder, und sie verweilen nicht lange genug, um gemessen werden zu können. Ihre flüchtige Existenz drückt sich in ihrer Benennung aus: virtuelle Partikel. Das bemerkenswerte Erbe der Quantenphysik – der Wissenschaft des Kleinen – verlangt, dass wir diesem Gedanken ernsthafte Beachtung schenken. Jedes Paar virtueller Teilchen übt ein klein wenig äußeren Druck aus, während es sich für einen winzigen Zeitraum seinen Weg in den Raum bahnt.

Das Dumme ist nur: Schätzt man die Menge des rückstoßenden »Vakuumdrucks«, der sich aus den kurzen Leben der virtuellen Partikel ergibt, so ist das Resultat mehr als 10^{120}-mal größer als der im Experiment ermittelte Wert der kosmologischen Konstante. Dieser Unterschied ist vollkommen grotesk und führt zur größten Abweichung zwischen Theorie und Beobachtung, die die Wissenschaftsgeschichte jemals gesehen hat.

Ja, wir sind ratlos. Aber es ist keine gänzlich erbärmliche Ratlosigkeit. Die dunkle Energie ist nicht verloren, ohne die Spur einer Theorie, an der wir sie verankern könnten. Dunkle Energie bewohnt einen der sichersten Häfen, die wir uns vorstellen können: Einsteins Gleichungen zur Allgemeinen Relativität. Sie ist die kosmologische Konstante. Sie ist Lambda. Als was auch immer sich die dunkle Energie letztendlich herausstellen wird, wir wissen bereits, wie wir sie messen und wie wir ihre Auswirkungen auf den Kosmos der Vergangenheit, der Gegenwart und der Zukunft berechnen können.

Es gibt keinen Zweifel: Einsteins größte Eselei war es, Lambda zu seiner größten Eselei zu erklären.

▪

Und die Jagd ist freigegeben. Da wir nun ja wissen, dass dunkle Energie real ist, haben Teams von Astrophysikern ehrgeizige Programme gestartet, um Entfernungen und das Wachstum der Struktur im Universum mithilfe von Erd- und Weltraumteleskopen zu messen. Diese Beobachtungen werden den Einfluss der dunklen Energie auf den Expansionsverlauf des Universums in allen Einzelheiten prüfen und gewiss auch dafür sorgen, dass den Theoretikern die Arbeit nicht ausgeht. Immerhin haben sich deren Berechnungen der dunklen Energie als ziemlich kläglich herausgestellt – das verlangt nach Wiedergutmachung.

Brauchen wir eine Alternative zur ART? Muss der Zusammenschluss von ART und Quantenmechanik gründlich überarbeitet werden? Oder gibt es vielleicht eine Theorie der dunklen Energie, die nur darauf wartet, von einem klugen Kopf entdeckt zu werden, der erst noch geboren werden muss?

Eine durchaus erstaunliche Eigenschaft von Lambda und vom schneller werdenden Universum ist, dass die Abstoßungskraft vom Innern des Vakuums ausgeht, nicht von irgendeinem Material. Mit dem Wachsen des Vakuums verringert sich die Dichte der Materie und der (bekannten) Energie innerhalb des Universums, und entsprechend größer wird der relative Einfluss von Lambda auf den kosmischen Stand der Dinge. Mit mehr Abstoßdruck kommt auch mehr Vakuum, und mit mehr Vakuum kommt stärkerer Abstoßdruck, was eine endlose und exponentielle Beschleunigung der kosmischen Ausdehnung bewirkt.

In der Konsequenz wird alles, was nicht durch Gravitation an die Nachbarschaft der Milchstraßen-Galaxie gebunden ist, sich mit immer weiter zunehmender Geschwindigkeit von uns entfernen, als Bestandteil der sich beschleunigenden Expansion des Raum-Zeit-Gefüges. Ferne, heute am Nachthimmel sichtbare Galaxien werden hinter einem unerreichbaren Horizont verschwinden, und ihre Fluchtgeschwindigkeit ist schneller als das Licht. Dieses Kunststück ist möglich, nicht weil sie mit solchen Geschwindigkeiten durch den Raum rasen, sondern weil das Gefüge des Universums selbst sie mit solchen Geschwindigkeiten befördert. Kein Gesetz der Physik steht dem entgegen.

In etwa einer Billion Jahren weiß vielleicht kein Bewohner unserer Galaxie mehr etwas über andere Galaxien. Unser beobachtbares Universum umfasst dann nur noch ein System relativ nahe gelegener, langlebiger Sterne innerhalb der Milchstraße. Und jenseits dieses Sternenhimmels liegt endlose Leere – Dunkelheit im Angesicht der Tiefe.

Dunkle Energie, eine fundamentale Eigenschaft des Kosmos, wird am Ende künftigen Generationen die Möglichkeit nehmen, das Universum zu erfassen, das man ihnen vorgesetzt hat. Sofern es nicht den heutigen Astrophysikern in der ganzen Galaxie gelingt, außergewöhnliche Aufzeichnungen anzulegen und eine unglaubliche, eine Billion Jahre überdauernde Zeitkapsel zu vergraben, werden die postapokalyptischen Wissenschaftler nichts über Galaxien wissen – über die grundlegende Form des Aufbaus von Materie in unserem Kosmos – und damit auch keinen Zugriff auf wichtige Seiten des kosmischen Dramas bekommen, das unser Universum darstellt.

Entgehen auch uns wichtige Elemente des Universums, die es einmal gab? Welcher Teil des kosmischen Geschichtsarchivs steht hinter einer Tür mit der Aufschrift »Zutritt verboten«? Was fehlt in unseren Theorien und Gleichungen, das eigentlich da sein sollte, das uns blind nach Antworten tasten lässt, die wir vielleicht nie finden werden?

7.

DER KOSMOS IM PERIODENSYSTEM

Triviale Fragen beantworten zu können verlangt bisweilen ein tiefes und umfangreiches Wissen über den Kosmos. Im Chemieunterricht fragte ich meinen Lehrer einmal, wo die Elemente des Periodensystems herkommen. Aus der Erdkruste, sagte er. Immerhin hat er es versucht. Gewiss holt sich das Schullabor sein Material da her. Aber wie kam es in die Erdkruste? Die Antwort kann nur eine astronomische sein. Aber muss man in diesem Fall wirklich den Ursprung und die Evolution des Universums kennen, um die Frage beantworten zu können? Ja, muss man.

Ganze drei der in der Natur vorkommenden Elemente wurden beim Urknall hergestellt. Der Rest wurde in den extrem heißen Herzen und den explosiven Überresten sterbender Sterne geschmiedet und ermöglicht heute den nachfolgenden Generationen von Sternensystemen, diese Anreicherung einzubinden, Planeten zu formen und, in unserem Fall, Menschen.

Für viele ist das Periodensystem der chemischen Elemente ein halb vergessenes Kuriosum – eine Tabelle mit Kästchen, die gefüllt sind mit mysteriösen, kryptischen Buchstaben, die man auf den Schautafeln im Chemieunterricht am Gymnasium das letzte Mal gesehen hat. Dabei müsste diese Tabelle als Ordnungsprinzip für das chemische Verhalten aller bekannten und noch zu entdeckenden Elemente im Universum eine Ikone sein, ein Zeugnis über die Arbeit der Wissenschaft als internationales Abenteuer der Menschheit, durchgeführt in Laboratorien, Teilchenbeschleunigern und an der Grenze des Kosmos selbst.

Immer mal wieder jedoch kann selbst ein Wissenschaftler nicht umhin, im Periodensystem einen Zoo voller merkwürdiger Wesen zu sehen, die Dr. Seuss höchstpersönlich erfunden hat. Wie sonst soll man glauben, dass Natrium ein ätzendes, reaktionsfreudiges Metall ist, das man mit dem Buttermesser durchschneiden kann, reines Chlor ein übel riechendes, tödliches Gas – und wenn man beide zusammenrührt, bilden sie Natriumchlorid, eine harmlose und lebenswichtige Verbindung, uns besser bekannt als Kochsalz? Oder nehmen wir Wasserstoff und Sauerstoff: Das eine ist ein explosives Gas, das andere fördert heftige Verbrennungsvorgänge, und beide zusammen bilden flüssiges Wasser, mit dem man Feuer löschen kann.

Bei aller lockeren Plauderei über Chemie finden sich unter den Elementen auch solche, die für den Kosmos von großer Bedeutung sind. Das gibt mir die Gelegenheit, Ihnen das Periodensystem durch die Brille des Astrophysikers zu präsentieren.

▪

Mit nur einem einzigen Proton im Kern ist Wasserstoff das leichteste und einfachste Element, und es ist komplett beim Urknall entstanden. Von den 94 in der Natur vorkommenden Elementen kann Wasserstoff für sich in Anspruch nehmen, über zwei Drittel aller Atome im menschlichen Körper zu repräsentieren, und mehr als 90 Prozent aller Atome im Kosmos, auf jeder Ebene, bis hinunter zu unserem Sonnensystem. Der Wasserstoff im Kern des Riesenplaneten Jupiter steht unter derart hohem Druck, dass er sich eher wie ein leitfähiges Metall verhält als wie ein Gas – er erzeugt das stärkste Magnetfeld aller Planeten. Der englische Chemiker Henry Cavendish entdeckte den Wasserstoff 1766 bei seinen Experimenten mit H_2O (das chemische Zeichen für Wasserstoff, H, steht für das lateinische Hydrogenium, *hydrogenes* wiederum ist Griechisch für »Wasser erzeugend«). Unter Astrophysikern kennt man Cavendish jedoch eher als denjenigen, der als Erster die Masse der Erde berechnete, nachdem er einen exakten Wert für die Gravitationskonstante in Newtons weltberühmter Gravitationsgleichung gemessen hatte.

In jeder Sekunde an jedem Tag werden 4,5 Milliarden Tonnen rasend schneller Wasserstoffkerne in Energie umgewandelt, indem sie im 15 Millionen Kelvin heißen Kern der Sonne zusammenstoßen und dabei Helium bilden.

▪

Helium ist allgemein bekannt als handelsübliches Gas von geringer Dichte, das beim Inhalieren für kurze Zeit die Vibrationsfrequenz von Luftröhre und Kehlkopf erhöht und eine Micky-Maus-Stimme erzeugt. Helium ist das zweiteinfachste und zweithäufigste Element im Universum. Es ist zwar längst nicht so häufig wie Wasserstoff, aber immer noch vier Mal häufiger als alle übrigen Elemente im Universum zusammengenommen. Eine der Säulen der Urknallkosmologie ist die Voraussage, dass in jedem Winkel des Kosmos mindestens zehn Prozent aller Atome Heliumatome sind, erzeugt in dieser Größenordnung über den gesamten, gut durchmischten urzeitlichen Feuerball, in dem unser Universum geboren wurde. Da die thermonukleare Fusion von Wasserstoff im Innern der Sterne Helium ergibt, können manche Regionen des Kosmos sehr wohl mehr als diese zehn Prozent an Helium aufweisen, aber wie vorausgesagt, hat noch nie jemand eine Region der Galaxie gefunden, in der es weniger Helium gäbe.

Rund 30 Jahre bevor Helium auf der Erde entdeckt und isoliert wurde, fanden Astronomen Helium im Spektrum der Sonnenkorona während der totalen Sonnenfinsternis des Jahres 1868. Wie schon erwähnt, geht die Bezeichnung »Helium« auf Helios zurück, den Sonnengott der Griechen. Und mit 92 Prozent der Auftriebskraft des Wasserstoffs in der Luft, aber ohne dessen explosive Eigenschaften, ist Helium die Gasfüllung der Wahl für die überdimensionalen Ballonfiguren bei der vom Kaufhaus Macy's alljährlich veranstalteten Thanksgiving Day Parade. Macy's ist damit übrigens der zweitgrößte Helium-Verbraucher in den USA – nach dem US-Militär.

▪

Lithium ist mit seinen drei Protonen im Kern das dritteinfachste Element im Universum. Wie Wasserstoff und Helium entstand auch Lithium beim Urknall. Anders als Helium, das in den Kernen der Sterne gebildet werden kann, wird Lithium bei jeder bekannten Nuklearreaktion zerstört. Eine weitere Voraussage der Urknallkosmologie lautet, dass maximal ein Prozent der Atome in jedem beliebigen Winkel des Universums Lithium sein kann. Bisher hat niemand eine Galaxie mit mehr Lithium gefunden als dieser durch den Urknall gelieferten Höchstmenge. Die Kombination von Helium als Maximum und Lithium als Minimum gibt uns einen aussagekräftigen Mengenkorridor für Tests der Urknallkosmologie.

▪

Die Zahl der verschiedenen Arten von Molekülen, in denen das Element Kohlenstoff enthalten ist, ist größer als die aller anderen – kohlenstofffreien – Arten von Molekülen zusammengenommen. Angesichts der Fülle von Kohlenstoff im Kosmos – in den Sternkernen gebildet, an die Oberfläche hochgewühlt und massenhaft in die Galaxie entlassen – gibt es kein Element, auf dem sich die Chemie und die Vielfalt des Lebens besser begründen ließe. Auch Sauerstoff ist recht häufig, sogar noch knapp vor Kohlenstoff. Gebildet und freigegeben wird er in bzw. aus den Überbleibseln explodierter Sterne. Sauerstoff und Kohlenstoff sind wichtige Ingredienzien des Lebens, so wie wir es kennen.

Aber was ist mit dem Leben, so wie wir es *nicht* kennen? Wie wär's mit einem Leben auf der Basis des Elements Silicium? Silicium steht unmittelbar unter Kohlenstoff im Periodensystem, es könnte also im Prinzip die gleiche Palette von Molekülen bilden. Am Ende erwarten wir, dass Kohlenstoff das Rennen macht, schon weil er zehn Mal häufiger im Kosmos vorkommt als Silicium. Science-Fiction-Autoren, die mit ihren Ideen auch Exobiologen auf Trab halten, hindert das aber nicht daran, sich zu fragen, wie die ersten echten außerirdischen, auf Silicium gründenden Lebensformen wohl aussehen würden.

Abgesehen von seiner Rolle als aktiver Bestandteil von Kochsalz ist Natrium gegenwärtig auch das meistverwendete Gas in der Straßenbeleuchtung, zumindest in den USA. Natriumdampflampen »brennen« heller und länger als Glühlampen, allerdings werden sie vielleicht bald von LEDs ersetzt – die sind bei gleicher Wattzahl noch heller und vor allem billiger. Zwei Formen von Natriumlampen sind bekannt: Hochdrucklampen, die ein weißgelbes Licht erzeugen, und die selteneren Niederdrucklampen, die orange leuchten. Lichtverschmutzung ist generell ein Problem für die Astrophysik, aber wie sich zeigt, sind die Niederdruck-

Natriumlampen weniger schädlich, weil sich ihre optische Kontamination leicht von den Teleskopdaten subtrahieren lässt. In einer Modellkooperation hat sich Tucson, Arizona – die nächste größere Stadt beim Kitt Peak National Observatory –, mit den örtlichen Astrophysikern darauf geeinigt, ihre komplette Straßenbeleuchtung auf Niederdruck-Natriumlampen umzurüsten.

▪

Aluminium nimmt fast zehn Prozent der Erdkruste ein, war aber im Altertum unbekannt und selbst unseren Urgroßeltern noch nicht vertraut. Das Element wurde erst 1827 isoliert und identifiziert und fand in den 1960er-Jahren Verbreitung im Haushalt, als Blechdosen und Stanniol den Aludosen und der Alufolie weichen mussten. (Ich wette, auch unter Ihnen, verehrte Leser, nennen einige das Zeug bis heute »Stanniolpapier«.) Poliertes Aluminium ergibt einen nahezu perfekten Reflektor sichtbaren Lichts und bildet die Beschichtung der Wahl bei fast allen modernen Teleskopspiegeln.

Titan ist 1,7-mal dichter als Aluminium, aber mehr als doppelt so fest. Deshalb ist Titan, die Nummer neun auf der Häufigkeitsrangliste der Elemente in der Erdkruste, ein modernes Lieblingselement für allerlei Anwendungen, etwa für Komponenten von Militärflugzeugen und in der Prothetik, wo ein leichtes, aber festes Metall sehr gefragt ist.

An den meisten Orten im Kosmos findet man mehr Sauerstoff- als Kohlenstoffatome. Nachdem sich jedes Kohlenstoffatom an die verfügbaren Sauerstoffatome angehängt und damit Kohlenmonoxid oder Kohlendioxid gebildet hat, verbindet sich der übrige Sauerstoff mit anderen Dingen, zum Beispiel Titan. Die Spektren roter Sterne sind voller Eigenschaften, die man auf Titanoxid zurückführen kann. Letzteres kennen wir auch von »Sternen« der irdischen Sorte: Sternsaphire und Sternrubine verdanken ihr strahlendes Funkeln Verunreinigungen durch Titanoxid im Kristallgitter. Auch der weiße Anstrich von Teleskopkuppeln enthält Titanoxid, was gerade im Infrarotbereich des Spektrums stark reflektierend wirkt und damit die durch das Sonnenlicht in der Luft um das Teleskop herum angestaute Hitze deutlich reduziert. Wenn es dunkel wird und die Kuppel sich öffnet, gleicht sich die Lufttemperatur in der Nähe des Teleskops rasch an die nächtliche Außentemperatur an, sodass das Licht der Sterne und anderer kosmischer Objekte scharf und klar zu sehen ist. Titan ist zwar nicht direkt nach einem kosmischen Objekt benannt, aber immerhin leitet sich der Name von den Titanen der griechischen Mythologie ab; nebenbei ist Titan der größte Mond des Saturn.

▪

In vielerlei Hinsicht gilt Eisen als das wichtigste Element im Universum. Riesige Sterne erzeugen Elemente in ihren Kernen, angefangen von Helium über Kohlenstoff, Sauerstoff, Stickstoff usw. bis hinauf zum Eisen im Periodensystem. Mit

62 Protonen und mindestens so vielen Neutronen im Atomkern zeichnet sich Eisen durch die merkwürdige Eigenschaft aus, von allen Elementen die geringste Gesamtenergie pro Nuklearpartikel aufzuweisen. Das bedeutet etwas recht Simples: Bei der Kernspaltung absorbieren Eisenatome Energie. Und beim Kombinieren von Eisenatomen via Kernfusion absorbieren sie ebenfalls Energie. Das Geschäft der Sterne ist hingegen die Erzeugung von Energie. Indem massereiche Sterne Eisen in ihren Kernen anfertigen und ansammeln, schaufeln sie sozusagen ihr eigenes Grab. Ohne fruchtbare Energiequelle kollabiert der Stern unter seinem eigenen Gewicht und meldet sich augenblicklich in einer atemberaubenden Supernova-Explosion wieder zurück, die für mehr als eine Woche heller erstrahlt als eine Milliarde Sonnen.

▪

Das Weichmetall Gallium hat einen so niedrigen Schmelzpunkt, dass es sich wie Kakaobutter beim Kontakt mit Ihrer Hand verflüssigt. Das mag ein netter Vorführeffekt sein, aber für Astrophysiker ist Gallium nicht weiter interessant, abgesehen davon, dass es eine der Ingredienzien von Galliumchlorid-Experimenten ist, die dazu dienen, flüchtige Neutrinos von der Sonne zu entdecken. Ein riesiger (hundert Tonnen schwerer) unterirdischer Tank mit flüssigem Galliumchlorid wird auf Kollisionen zwischen Neutrinos und Galliumkernen überwacht, bei denen Germanium entsteht. Diese Begegnung emittiert einen Funken eines Röntgenstrahls, der bei jedem Auftreffen auf einen Atomkern gemessen wird. Das langjährige Solarneutrino-Problem, bei dem weniger Neutrinos entdeckt wurden, als die Solartheorie erwarten ließe, wurde mithilfe solcher »Teleskope« gelöst.

▪

Das Element Technetium ist in jeder Erscheinungsform radioaktiv. Es überrascht daher nicht, dass man es auf der Erde nirgendwo findet, mit Ausnahme von Teilchenbeschleunigern, wo es auf Bestellung erzeugt wird. Technetium trägt dieses Unterscheidungsmerkmal im Namen, der sich vom griechischen *technetos* (»künstlich«) ableitet. Aus noch nicht ganz geklärten Gründen liegt Technetium in den Atmosphären einer ausgewählten Gruppe roter Sterne vor. Das allein wäre noch kein Alarmzeichen, abgesehen davon, dass Technetium eine Halbwertszeit von gerade mal zwei Millionen Jahren hat – das ist viel, viel kürzer als das Alter und die Lebenserwartung der Sterne, in denen wir es antreffen. Mit anderen Worten: Der Stern kann nicht mit dem Zeug drin geboren worden sein, sonst wäre nichts mehr davon übrig. Es gibt auch keinen bekannten Mechanismus, um Technetium in einem Sternkern zu erzeugen *und* dafür zu sorgen, dass es sich an die Oberfläche schleppt, damit wir es beobachten können. Dies wiederum hat Anlass zu exotischen Theorien gegeben, die den Konsens in der astrophysikalischen Gemeinde erst noch finden müssen.

▪

Zusammen mit Osmium und Platin gehört Iridium zu den drei schwersten (dichtesten) Elementen des Periodensystems: Zwei Kubikfuß davon – das entspricht einem Würfel, in den etwa 56 Liter Wasser passen würden – wiegen so viel wie eine Nobelkarosse. Damit gibt Iridium den perfekten Briefbeschwerer ab: Sie können getrost das Fenster im Büro offen lassen, und auch der stärkste Ventilator kommt dagegen nicht an. Iridium ist außerdem der berühmteste »schlagende Beweis« für einen extraterrestrischen Impakt. Eine dünne Schicht davon findet sich weltweit an der Grenzlinie zwischen Kreidezeit und Paläozän* vor 65 Millionen Jahren. Nicht ganz so zufällig war das just der Zeitpunkt, als sämtliche Landtiere ausstarben, die zu groß waren, um ins Handgepäck zu passen, einschließlich der legendären Dinosaurier. Iridium ist auf der Erdoberfläche selten, aber relativ häufig in metallischen Asteroiden mit zehn Kilometer Durchmesser, die nach einer Kollision mit dem Planeten Erde verdampfen und ihre Atome über die gesamte Erdoberfläche verteilen. Was auch immer also bisher Ihre Lieblingstheorie für das Aussterben der Dinos war: Ein Killer-Asteroid aus dem Weltraum, groß wie der Mount Everest, sollte auf Ihrer Liste ziemlich weit oben stehen.

▪

* Die Älteren unter uns kennen sie noch als Kreidezeit-Tertiär- oder K-T-Grenzschicht.

Ich weiß ja nicht, was Einstein davon gehalten hätte, aber in den Trümmern des ersten Wasserstoffbombentests im Eniwetok-Atoll im Südpazifik am 1. November 1952 wurde ein unbekanntes Element gefunden, und ihm zu Ehren hat man es Einsteinium getauft. Ich finde, Armageddium wäre eine passendere Wahl gewesen.

Derweil verdanken zehn Einträge im Periodensystem ihre Namen Objekten, die um die Sonne kreisen: Phosphor geht auf das griechischen Wort für »lichttragend« zurück und war in der Antike der Name des Planeten Venus, weil dieser vor Sonnenaufgang am Morgenhimmel leuchtet.

Selen ist ebenfalls vom Griechischen abgeleitet – *selene* heißt schlicht »Mond«, und so heißt auch die Mondgöttin der griechischen Mythologie. So benannt wurde das Element, weil es in Erzen immer zusammen mit Tellur gefunden wurde, und das verdankt seinen Namen der Erdgottheit Tellus, zur Abwechslung aus der römischen Mythologie.

Am 1. Januar 1801 entdeckte der italienische Astronom Giuseppe Piazzi einen neuen Planeten, der die Sonne in der verdächtig großen Lücke zwischen Mars und Jupiter umkreiste. In der Tradition, Planeten nach römischen Göttern zu benennen, taufte man das Objekt »Ceres«, nach der Göttin des Ackerbaus. Auf Ceres geht natürlich auch der Fachbegriff für Müsli zurück: »Zerealien«. Damals war die Begeisterung in der wissenschaftlichen Gemeinde so groß, dass man das erste danach entdeckte Element »Cerium« (zu Deutsch schmucklos »Cer«) nannte. Zwei Jahre später wurde ein weiterer Planet entdeckt, der die Sonne in der gleichen Lücke umkreist wie Ceres. Den benannte man nach Pallas, der griechischen Göttin der Weisheit, und genau wie zuvor bei Cer hieß das erste danach entdeckte Element ihr (oder ihm) zu Ehren »Palladium«. Die Taufparty sollte ein paar Jahrzehnte später enden. Nachdem Dutzende weitere dieser Planeten entdeckt worden waren, die im Bereich derselben Umlaufbahn lagen, erwies eine nähere Analyse, dass diese Objekte viel, viel kleiner waren als die kleinsten bekannten Planeten. Man hatte ein ganz neues Wohngebiet im Sonnensystem entdeckt, bewohnt von kleinen, zerklüfteten Brocken aus Gestein und Metall. Ceres und Pallas waren keine Planeten; es sind Asteroiden, und sie treiben sich im Asteroidengürtel herum, von dem man heute weiß, dass er Hunderttausende solcher Objekte beherbergt – jedenfalls ein paar mehr als die Anzahl der Elemente im Periodensystem.

Das Metall Quecksilber (englisch: Mercury), flüssig bei Zimmertemperatur, und der Planet Merkur, der schnellste aller Planeten im Sonnensystem, sind beide nach dem römischen Götterboten gleichen Namens benannt.

Thorium geht auf Thor zurück, den muskelbepackten, blitzeschwingenden nordischen Gott, dem Gegenstück zum ebenfalls blitzeschwingenden Jupiter in der römischen Mythologie. Und siehe da: Vom Weltraumteleskop »Hubble« aufgenommene Bilder von Jupiters Polarregionen zeigen tatsächlich heftige elektrische Entladungen in den turbulenten Wolkenschichten des Gasriesen.

Ausgerechnet nach Saturn, meinem Lieblingsplaneten,* ist kein Element benannt, aber Uranus, Neptun und Pluto durften ihren chemischen Fingerabdruck im Periodensystem hinterlassen. Das Element Uran wurde 1789 entdeckt und zu Ehren des von Wilhelm Herschel nur acht Jahre zuvor entdeckten Planeten benannt. Alle Isotope des Urans sind instabil und zerfallen spontan in leichtere Elemente – ein Prozess, bei dem Energie freigesetzt wird. Die erste militärisch eingesetzte Atombombe enthielt Uran als aktive Substanz; die USA warfen sie am 6. August 1945 über Hiroshima ab. Mit seinen 92 Protonen im Atomkern wird Uran allgemein als das »größte« in der Natur vorkommende Element beschrieben, allerdings findet man Spuren noch größerer Elemente meist dort, wo Uranerz abgebaut wird.

Wenn es Uranus verdient hatte, zum Namenspaten eines chemischen Elements zu werden, gilt das für Neptun allemal. Anders als Uran, das kurz nach dem Planeten selbst entdeckt wurde, dauerte es bei Neptunium bis 1940, also volle 97 Jahre nach der Entdeckung des Planeten Neptun durch den deutschen Astronomen Johann Gottfried Galle. Übrigens an einer Stelle am Himmel, die der französische Mathematiker Joseph Le Verrier vorausgesagt hatte, nachdem er das merkwürdige Orbitalverhalten des Uranus beobachtet hatte. Neptun folgt gleich nach Uranus im Sonnensystem,

* Okay, zugegeben, mein wirklicher Lieblingsplanet ist die Erde. Aber dann kommt gleich Saturn.

und Neptunium kommt gleich hinter Uran im Periodensystem.

Im Berkeley-Zyklotron, einem Teilchenbeschleuniger an der University of California in Berkeley, wurde neben Neptunium noch eine ganze Reihe weiterer Elemente entdeckt (oder hergestellt?), die man in der Natur nicht findet. Dazu gehört auch Plutonium, das direkt auf Neptunium in der Tabelle folgt und nach Pluto benannt ist, den Clyde Tombaugh 1930 am Lowell Observatory in Arizona entdeckte. Genau wie bei Ceres 129 Jahre zuvor war die Begeisterung allenthalben zunächst groß. Pluto war der erste von einem Amerikaner entdeckte Planet und galt mangels verlässlicher Daten allgemein als Objekt, das in Größe und Masse der Erde vergleichbar war, wenn nicht gar Uranus oder Neptun. Aber unsere Messungen wurden weiter verfeinert, und je besser sie wurden, desto kleiner wurde Pluto. Unser Wissen über die tatsächlichen Abmessungen von Pluto stabilisierte sich erst Ende der 1980er-Jahre. Heute wissen wir, dass der kalte, eisige Pluto bei Weitem der kleinste der neun Planeten ist, genau genommen sogar kleiner als die sechs größten Monde in unserem Sonnensystem. Und ebenso wie die Asteroiden wurden später Hunderte weiterer Objekte im äußeren Sonnensystem gefunden, mit Umlaufbahnen in der Nähe derjenigen von Pluto, und das läutete irgendwann das Ende der Existenz des Planeten Pluto ein. Dazu kam die Entdeckung eines bislang nicht dokumentierten Reservoirs kleiner eisiger Kometen im sogenannten Kuiper-Gürtel, zu dem auch Pluto gehört. So gesehen könnte man argumentieren, dass sich auch Ceres, Pallas und Pluto unter falschem Vorwand ins Periodensystem eingeschlichen haben.

Instabiles, waffenfähiges Plutonium war auch die aktive Komponente in der Atombombe, die die USA über Nagasaki abwarfen, gerade einmal drei Tage nach Hiroshima, was den Zweiten Weltkrieg schon bald beendete. Kleine Mengen nicht waffenfähigen radioaktiven Plutoniums können in Radioisotopengeneratoren (oder RTG für Radioisotope Thermoelectric Generator) für Raumschiffe genutzt werden, die bis in die äußeren Regionen des Sonnensystems reisen, wo die Intensität des Sonnenlichts so gering ist, dass sie für Solarkollektoren nicht mehr nutzbar ist. Ein knappes halbes Kilo Plutonium generiert zehn Millionen Kilowattstunden Wärmeenergie. Das reicht, um eine Glühbirne 11 000 Jahre lang mit Energie zu versorgen – oder auch einen Menschen, falls wir uns von Nukleartreibstoff statt Obst und Gemüse ernähren könnten.

▪

Damit endet unsere kosmische Reise durch das Periodensystem der chemischen Elemente, die uns bis an den Rand des Sonnensystems geführt hat, und sogar darüber hinaus. Aus mir bislang unerfindlichen Gründen haben viele Leute etwas gegen Chemikalien – vielleicht erklärt das die Existenz jener unverwüstlichen Bewegung, die sie aus Nahrungsmitteln grundsätzlich verbannt wissen will. Vielleicht klingen die ellenlangen chemischen Bezeichnungen einfach zu gefährlich. Aber hier sollten wir die Schuld bei den Chemikern suchen, nicht bei den Chemikalien. Ich persönlich komme ganz gut mit Chemikalien klar, wo auch immer im Universum ich sie antreffe. Meine Lieblingssterne und meine besten Freunde bestehen alle daraus.

8.

ALLES, WAS RUND IST

Abgesehen von Kristallen und zerklüfteten Gesteinsbrocken gibt es nicht viel im Kosmos, das in seiner natürlichen Form scharfe Kanten hätte. Zwar gibt es reichlich Objekte mit eigenartigen Formen, aber die Liste der runden Dinge ist nahezu endlos und reicht von einfachen Seifenblasen bis hin zum gesamten beobachtbaren Universum. Von allen Formen wird die Kugel von den einfachen physikalischen Gesetzen deutlich bevorzugt. Diese Tendenz ist so verbreitet, dass wir in Gedankenexperimenten oftmals von einer Kugel ausgehen, um eine grundlegende Einsicht zu gewinnen, selbst wenn wir wissen, dass das Ding, um das es geht, definitiv keine Kugel ist. Kurz gesagt: Wer die Sache mit der Kugel nicht versteht, kann auch nicht behaupten, die grundlegende Physik des betreffenden Objekts zu durchschauen.

Kugeln werden in der Natur durch bestimmte Kräfte gebildet, etwa durch die Oberflächenspannung, die bestrebt ist, Objekte in allen Richtungen möglichst klein zu halten. Die Oberflächenspannung der Flüssigkeit, die eine Seifenblase bildet, quetscht die Luft in alle Richtungen. Sie wird bei ihrer Bildung innerhalb weniger Augenblicke das Luftvolumen unter Einsatz der geringstmöglichen Oberfläche einschließen. So wird daraus die stärkste mögliche Blase, weil sich der Flüssigkeitsfilm nicht noch weiter und damit dünner verteilen muss als absolut nötig. Mit ein wenig Erstsemester-Mathematik kann man zeigen, dass es nur eine Form gibt, die zur Umhüllung eines Volumens die geringste Fläche verbraucht: die perfekte Kugel. Man könnte jährlich Milliardenkosten für Verpackungsmaterial einsparen, wenn Versandkisten oder Nahrungsmittelverpackungen im Supermarkt allesamt Kugeln wären. Der Inhalt einer Großpackung Cornflakes mit 750 Gramm würde z. B. locker in einen kugelförmigen Karton mit bloß ca. 20 cm Durchmesser passen. Dummerweise wären gewisse praktische Folgen vermutlich nicht ganz im Sinne des Erfinders – schließlich will niemand seinem Einkauf im Supermarkt hinterherrennen, wenn die Packung aus dem Regal fällt und den Gang hinunterkullert.

Auf der Erde können Kugellager entweder maschinell hergestellt werden, oder man füllt einfach eine vorgegebene Menge geschmolzenes Metall oben in einen langen Schaft ein. Der Metalltropfen wird sich in unterschiedlich gewellter Form nach unten bewegen, bis er die Form einer Kugel annimmt. Natürlich braucht er genug Zeit zum Aushärten, bevor er am unteren Ende des Schafts ankommt. In der Schwerelosigkeit einer die Erde umkreisenden Raumstation würde man einfach eine exakte Menge geschmolzenen Metalls aus einer Düse herausspritzen und hätte alle Zeit der Welt. Die Tropfen schweben durch den Raum, während sie abkühlen, und härten als perfekte Kugeln aus – die Oberflächenspannung erledigt die ganze Arbeit.

▪

Bei großen kosmischen Objekten tun sich Schwerkraft und Energie zusammen, um aus Objekten Kugeln zu machen. Die Schwerkraft ist die Kraft, die dafür sorgt, dass Materie in alle Richtungen kollabiert, aber die Schwerkraft gewinnt nicht immer – chemische Bindungen fester Körper sind sehr stark. Der Himalaja wuchs dank der Widerstandsfähigkeit des Gesteins in der Erdkruste gegen die irdische Schwerkraft nach oben. Aber bevor Sie sich jetzt von den mächtigen Bergen der Erde allzu sehr beeindrucken lassen, denken Sie daran, dass die Höhenausdehnung von den tiefsten Gräben in den Ozeanen bis zu den höchsten Bergen nur knapp 20 Kilometer beträgt, der Durchmesser der Erde aber etwa 12 700 Kilometer. Anders als von den winzigen, auf der Erdoberfläche wuselnden Menschen wahrgenommen, ist die Erde, als kosmisches Objekt betrachtet, bemerkenswert glatt. Könnte man mit einem überdimensionalen Finger über die Erdoberfläche samt Ozeanen streichen, die Erde würde sich anfühlen wie eine Billardkugel. Teure Globen, die die erhabenen Teile der Landmasse reliefartig hervorheben, überzeichnen die realen Verhältnisse ganz enorm. Deshalb ist die Erde, trotz all der Berge und Täler und trotz der leichten Abflachung an beiden Polen, für einen Betrachter aus dem Weltraum von einer perfekten Kugel nicht zu unterscheiden.

Auch sind die Berge auf der Erde verglichen mit manchen Bergen in unserem Sonnensystem geradezu mickrig. Olympus Mons, der höchste Berg auf dem Mars, ist knapp 22 000 Meter hoch und hat an seinem Fuß einen Durchmesser von fast 600 Kilometern. Daneben sieht Mount McKinley in Alaska aus wie ein Maulwurfshügel. Das kosmische Bergbau-Rezept ist simpel: Je schwächer die Schwerkraft auf der Oberfläche des Objekts, desto höher können die Berge aufragen. Der Mount Everest hat in etwa die maximale Höhe, die ein Berg auf der Erde überhaupt erreichen kann, bevor die unteren Felsschichten aufgrund ihrer eigenen Plastizität unter dem gewaltigen Gewicht des Berges nachgeben.

Wenn ein massives Objekt ausreichend Oberflächengravitation besitzt, widerstehen die chemischen Bindungen in seinem Gestein der Kraft seines Eigengewichts. Unter diesen Umständen ist praktisch jede Form möglich. Zwei bekannte und nicht kugelförmige Himmelskörper sind die beiden Marsmonde Phobos und Deimos, die eher an Kartoffeln erinnern. Auf dem ca. 26 Kilometer langen Phobos, dem größeren der beiden Monde, würde ein 70 Kilogramm schwerer Mensch weniger als 120 Gramm wiegen.

Im Weltraum zwingt die Oberflächenspannung einen Flüssigkeitstropfen in jedem Fall, eine Kugel zu bilden. Wann immer Sie ein kleines, massives Objekt sehen, das Ihnen verdächtig kugelförmig vorkommt, können Sie davon ausgehen, dass es diese Form im geschmolzenen Zustand angenommen hat. Besitzt der Tropfen eine sehr große Masse, kann er aus allem Möglichen zusammengesetzt sein, und die Schwerkraft wird immer dafür sorgen, dass er die Form einer Kugel annimmt.

Große und massive Gasklumpen in der Galaxie können sich auch zu nahezu perfekten, gasförmigen Kugeln zusammenschließen, die wir als Sterne bezeichnen. Liegt jedoch die Kreisbahn eines Sterns zu nah an einem anderen Objekt mit signifikanter Gravitation, kann die Kugelform auch verzerrt werden, da Material aus dem Stern herausgerissen wird. »Zu nah« heißt in diesem Fall zu nah an der Roche-Grenze des Objekts – diese ist benannt nach Édouard Roche, einem Mathematiker aus der Mitte des 19. Jahrhunderts, der die Gravitationsfelder in der Umgebung von Doppelsternen eingehend untersucht hat. Die Roche-Grenze ist eine theoretische, hantelförmig gewölbte Doppelhülle, die jeweils zwei beliebige Objekte in wechselwirkenden Orbits umgibt. Verlässt gasförmiges Material eines Objekts seine theoretische Hülle, bewegt sich dieses Material zum zweiten Objekt hin. Das ist bei Doppelsternen sehr oft der Fall, wo dann einer von beiden irgendwann zu einem roten Riesen anschwillt und seine Roche-Grenze überschritten hat. Der rote Riese wird zu einer eindeutig nicht kugelförmigen Gestalt verzerrt, die an ein in die Länge gezogener *Hershey's Kiss* erinnert, eine tropfenförmige Praline. Darüber hinaus ist einer der beiden Sterne manchmal auch ein schwarzes Loch, dessen Position durch die Häutung seines Zwillingskörpers sichtbar wird. Die spiralförmige Gaswolke heizt sich, nachdem sie den Riesen über dessen Roche-Grenze hinweg passiert hat, extrem auf und glüht noch einmal sichtbar auf, bevor sie sich für immer in das schwarze Loch verabschiedet.

▪

Die Sterne der Milchstraßen-Galaxie bilden einen großen, flachen Kreis. Mit einem Verhältnis von 1000:1 zwischen Durchmesser und Dicke ist unsere Galaxie flacher als der flachste Schokoladenkeks. Ein Crêpe oder der Boden eines Flammkuchens kommt ihren Proportionen schon deutlich näher. Nein, die Scheibe der Milchstraße ist gewiss keine Kugel, aber wahrscheinlich war sie am Anfang mal eine. Die flache Form erklärt sich aus der Annahme, dass die Galaxie einst ein großer, kugelförmiger, langsam rotierender Ball aus kollabierendem Gas war. Während dieses Zusammenfallens drehte sich der Ball immer schneller und schneller, genau wie Eiskunstläufer schneller werden, wenn sie bei ihren Pirouetten die Arme anlegen oder nach oben strecken. Die Galaxie flachte sich auf natürliche Weise von Pol zu Pol ab, während die zunehmenden Zentrifugalkräfte in der Mitte den Kollaps auf der Mittenebene verhinderten. Wenn Ihr Pizzabäcker den Teig auf der Hand rotieren lässt, flacht er sich ebenfalls schön gleichmäßig ab – dreht er zu schnell, fliegt ihm der Teig um die Ohren.

Alle Sterne, die sich innerhalb der Milchstraße gebildet hatten, bevor dieser Kollaps stattfand, behielten ihre ursprünglichen Umlaufbahnen, die in steilem Winkel über die

Ebene hinaus führten. Das verbleibende Gas, das zusammenhält wie zwei heiße Marshmallows, die in der Luft zusammenstoßen, wurde in der Mitte der Ebene festgehalten und zeichnet für alle folgenden Generationen von Sternen verantwortlich, einschließlich der Sonne. Die heutige Milchstraße, die weder kollabiert noch expandiert, ist ein hinsichtlich der Gravitation ausgereiftes System, in dem man sich die umlaufenden Sterne oberhalb und unterhalb der Scheibe als Skelettüberreste der ursprünglichen kugelförmigen Gaswolke vorstellen kann.

Diese generelle Abflachung rotierender Objekte ist der Grund dafür, dass der Erddurchmesser von Pol zu Pol kleiner ist als der Durchmesser am Äquator. Viel macht das nicht aus: 0,3 Prozent oder ca. 40 Kilometer. Aber die Erde ist klein, weitgehend massiv, und sie rotiert nicht allzu schnell. Bei 24 Stunden pro Tag befördert die Erde alles auf ihrem Äquator mit gerade einmal 1670 Kilometer pro Stunde. Denken Sie da mal zum Vergleich an den gigantischen, schnell rotierenden Gasplaneten Saturn. Der braucht für einen Tag ganze zehneinhalb Stunden, sein Äquator dreht sich mit 35 000 Stundenkilometern, und der Durchmesser von Pol zu Pol ist ein Zehntel flacher als der Äquatordurchmesser – diesen Unterschied erkennt man schon durch ein kleines, handelsübliches Teleskop. Man spricht hier auch von einem abgeplatteten Sphäroid. Körper, deren Durchmesser von Pol zu Pol größer ist als am Äquator, heißen gestreckte Sphäroide. Im Alltag geben Hamburger und Hotdogs exzellente (zugegeben auch etwas extreme) Beispiele für die beiden Formen ab. Ich weiß nicht, wie es Ihnen geht, ich jedenfalls muss immer an den Saturn denken, wenn ich in einen Burger beiße.

▪

Wir nutzen die Wirkung der Zentrifugalkräfte auf Materie, um Einsicht in die Rotationsgeschwindigkeit extremer kosmischer Objekte zu gewinnen. Denken Sie an Pulsare. Bei einer Rotationsrate ab etwa tausend Umdrehungen pro Sekunde ist uns klar, dass sie nicht aus handelsüblichen Materialien bestehen können, sonst würden alle Fetzen fliegen. Würde ein Pulsar noch schneller rotieren, sagen wir mit 4500 Umdrehungen pro Sekunde, würde sich sein Äquator mit Lichtgeschwindigkeit bewegen, und das verrät uns bereits, dass es hier um einen ganz besonderen Stoff gehen muss. Um sich einen Pulsar auszumalen, stellen Sie sich die Masse der Sonne vor, verpackt in eine Kugel von der Größe Manhattans. Schwer vorstellbar? Okay, dann stellen Sie sich vor, hundert Millionen Elefanten würden in eine Lippenstifthülse passen, dann haben Sie die Größenordnung. Um auf eine solche Dichte zu kommen, müssen Sie den ganzen leeren Raum zusammenpressen, den Atome normalerweise um ihren Nukleus herum und zwischen ihren den Kern umkreisenden Elektronen haben. Damit zerquetschen Sie fast alle (negativ geladenen) Elektronen in die (positiv geladenen) Protonen und erzeugten so einen Ball aus (neutral geladenen) Neutronen mit absurd hoher Oberflächengravitation. Unter derartigen Bedingungen braucht die Bergspitze eines Neutronensterns nicht höher als die Dicke eines Blatts Papier zu sein, und Sie müssten mehr Energie für den Aufstieg aufwenden, als Reinhold Messner braucht, um eine 5000 Kilometer hohe Steilwand hinaufzukraxeln. Kurz gesagt: Wo die Schwerkraft stark ist, neigen die Höhen dazu, abzusinken und Lücken aufzufüllen – ein fast schon biblisch anmutendes Phänomen, dem Herrn den Weg zu bereiten: »Alle Täler sollen erhöht werden, und alle Berge und Hügel sollen erniedrigt werden, und was uneben ist, soll gerade, und was hügelig ist, soll eben werden« (Jesaja 40,4). Eine bessere Gebrauchsanweisung zum Herstellen einer Kugel muss man lange suchen. Aus all diesen Gründen gehen wir davon aus, dass Pulsare die am perfektesten geformten Kugeln im Universum sind.

▪

Bei besonders großen Galaxienhaufen kann uns die Gestalt als solche tiefe astrophysikalische Einsichten vermitteln. Manche sind zerklüftet, andere fadenförmig lang gezogen. Und wieder andere bilden riesige Scheiben. Keine dieser Formen hat sich in eine stabile – sphärische – gravitationsgestützte Form begeben. Manche sind so ausgedehnt, dass selbst die 14 Milliarden Jahre, die das Universum alt ist, nicht ausreichen, damit die dazugehörigen Galaxien einmal quer durch den Galaxienhaufen hätten hindurchgehen können. Wir halten fest: Der Galaxienhaufen entstand auf diese

Weise, weil die wechselseitigen gravitationsbedingten Begegnungen zwischen den verschiedenen Galaxien nicht genug Zeit zur Verfügung hatten, um die Form des Galaxienhaufen hinlänglich zu beeinflussen.

Andere Systeme hingegen, wie der wunderschöne Coma-Cluster, den wir bereits aus dem Kapitel über die dunkle Materie kennen, sagen uns sofort, dass die Gravitation den Galaxienhaufen zu einer Kugel geformt hat. Als Folge davon werden Sie mit der gleichen Wahrscheinlichkeit eine Galaxie finden, die sich in die eine Richtung bewegt, wie eine, die sich in die entgegengesetzte Richtung bewegt – oder in irgendeine andere. Wann immer dies der Fall ist, kann der Galaxienhaufen nicht besonders schnell rotieren – sonst würden wir eine Abflachung feststellen, wie bei unserer Milchstraße.

Der Coma-Cluster ist auch hinsichtlich der Gravitation ausgereift. Auch dies stellt übrigens eine Analogie zu unserer Milchstraße dar. Im Jargon der Astrophysiker heißt dieser Zustand »relaxed«, also entspannt. Das bedeutet allerlei, einschließlich der Tatsache, dass die Durchschnittsgeschwindigkeit von Galaxien im Galaxienhaufen als exzellenter Indikator für die Gesamtmasse herangezogen werden kann, ganz gleich ob die Gesamtmasse des Systems aus den Objekten hervorgeht, auf deren Basis sich die Durchschnittsgeschwindigkeit errechnet, oder nicht. Aus genau diesen Gründen liefern »schwerkraftentspannte« Systeme ausgezeichnete Messsonden für nicht leuchtende, eben »dunkle« Materie.

Oder um es noch deutlicher auszudrücken: Ohne diese entspannten Systeme wäre die Allgegenwart der dunklen Materie vielleicht bis zum heutigen Tag unentdeckt geblieben.

▪

Die Mutter aller Kugeln – die größte und perfekteste von allen – ist das gesamte beobachtbare Universum. In jeder Richtung, in die wir blicken, fliehen Galaxien vor uns mit Geschwindigkeiten, die proportional zu ihrer Entfernung sind. Wie wir in den ersten Kapiteln bereits gesehen haben, ist dies die berühmte Signatur eines expandierenden Universums, wie es Edwin Hubble 1929 entdeckt hat. Nimmt man Einsteins Relativität, die Lichtgeschwindigkeit, das expandierende Universum und die räumliche Verdünnung von Masse und Energie als Folge dieser Expansion zusammen, ergibt sich eine Entfernung von uns in jeder Richtung, bei der die Fluchtgeschwindigkeit einer Galaxie der Lichtgeschwindigkeit entspricht. In dieser Entfernung und darüber hinaus verliert jedes mit Leuchtkraft ausgestattete Objekt sämtliche Lichtenergie, bevor dieses Licht uns erreicht. Das Universum über diesen sphärischen »Rand« hinaus bleibt damit unsichtbar und, soweit wir wissen, unserer Erkenntnis verschlossen.

Es gibt eine Variation der stets beliebten Idee eines Multiversums, bei der mehrere Universen, die das Multiversum bilden, keine völlig separaten Universen sind, sondern isolierte, nicht miteinander interagierende Bereiche des Raums innerhalb eines einzigen, kontinuierlichen Raum-Zeit-Gefüges – ähnlich wie Schiffe im offenen Meer, die so weit voneinander entfernt sind, dass ihre kreisförmigen Horizonte sich nicht schneiden. Aus der Sicht jedes einzelnen dieser Schiffe (ohne zusätzliche Daten) ist es das einzige Schiff im gesamten Ozean, und doch befahren sie alle das gleiche Gewässer.

▪

Sphäroide sind in der Tat fruchtbare theoretische Hilfsmittel, die uns Einsicht in diverse astrophysikalische Probleme gewähren. Man sollte es mit der Begeisterung für die Kugeln aber nicht übertreiben. Ich erinnere mich an den halb ernst gemeinten Witz über die Steigerung der Milcherzeugung auf einer Farm: Der Experte für Viehzucht sagt: »Denken Sie an die Bedeutung des Futters!« Der Techniker sagt: »Optimieren wir die Melkmaschinen!« Der Astrophysiker würde zweifellos sagen: »Probieren wir es doch mit kugelförmigen Kühen!«

9.

UNSICHTBARES LICHT

So heiß als einen Fremden es willkommen.
Es gibt mehr Ding' im Himmel und auf Erden,
Als Eure Schulweisheit sich träumt, Horatio.
Hamlet, Erster Akt, Fünfte Szene

Vor dem Jahr 1800 bezeichnete das Wort »Licht« einfach und ausschließlich sichtbares Licht. Zu Anfang jenes Jahres jedoch beobachtete der englische Astronom Wilhelm Herschel eine gewisse Erwärmung, die nur durch eine für das menschliche Auge unsichtbare Form von Licht entstanden sein konnte. Herschel hatte sich als Beobachter bereits einen Namen gemacht – unter anderem durch die Entdeckung des Uranus im Jahr 1781 – und erforschte nun den Zusammenhang zwischen Sonnenlicht, Farbe und Wärme. Er begann damit, ein Prisma in einen Sonnenstrahl zu stellen. So weit nichts Neues unter der Sonne – Sir Isaac Newton hatte das schon im 17. Jahrhundert getan, und ihm verdanken wir die heute jedem vertraute Benennung der sieben Farben des sichtbaren Spektrums: Rot, Orange, Gelb, Grün, Blau, Indigo und Violett. (Im Englischen – Gelb = Yellow – kennt jeder Schüler den Fantasienamen »Roy G. Biv« als praktisches Akronym.) Forscher, der er war, fragte sich Herschel jedoch, welche Temperatur wohl jeder einzelne Lichtabschnitt aufweisen würde. Also platzierte er Thermometer in die verschiedenen Streifen des Regenbogens und demonstrierte, wie er erwartet hatte, dass unterschiedliche Farben unterschiedliche Temperaturen anzeigten.*

Korrekt durchgeführte Experimente erfordern eine »Vergleichsprobe« – eine zusätzliche Messung, von der keinerlei Effekt erwartet wird und die nur dazu dient, zweifelsfrei festzustellen, was genau man misst. Wenn Sie sich beispielsweise fragen, welche Auswirkung Bier auf eine Tulpe hat, nehmen Sie eine zweite, mit der ersten identischen Tulpe und gießen diese mit Wasser anstatt mit Bier. Sterben beide Pflanzen – haben Sie also beide umgebracht –, können Sie nicht behaupten, der Alkohol wäre schuld. Das ist der Sinn einer Vergleichsprobe. Herschel wusste das und platzierte ein Thermometer außerhalb des Spektrums, gleich neben das rote Licht, wo er im Verlauf des Experiments durchgehend Raumtemperatur erwartet hätte. So kam es aber nicht. Das Kontrollthermometer zeigte sogar eine höhere Temperatur als das im roten Abschnitt.

Herschel schrieb:

* Erst Mitte des 19. Jahrhunderts wurde das Spektrometer des Physikers auch auf astronomische Probleme angewandt, und so wurden aus Astronomen Astrophysiker. 1895 wurde die renommierte Fachzeitschrift »Astrophysical Journal« gegründet, mit dem Untertitel »An International Review of Spectroscopy and Astronomical Physics«.

»[Ich] folgere daraus, dass das volle Rotlicht noch immer nicht die maximale Wärme darstellt; diese liegt möglicherweise sogar ein wenig außerhalb der sichtbaren Lichtbrechung. In diesem Fall bestünde Wärmestrahlung zumindest teilweise oder sogar vorwiegend aus, sofern dieser Begriff statthaft ist, unsichtbarem Licht, will sagen: aus Strahlen des Sonnenlichts, die von einem für die Wahrnehmung durch das menschliche Auge nicht geeigneten Momentum sind.«*

Heiliger Strohsack!!!

Herschel hatte zufällig »infrarotes« Licht entdeckt, einen nagelneuen Teil des Spektrums, gleich »unterhalb« von Rot, und berichtete darüber im ersten seiner vier Papiere zu dem Thema.

Herschels Erkenntnis war das astronomische Äquivalent zu Antonie van Leeuwenhoeks Entdeckung der »vielen kleinen Tierchen (*animalculae*) in gewandter Bewegung«** in einem Wassertropfen aus einem See. Leeuwenhoek entdeckte die einzelligen Organismen – ein biologisches Universum.

* William Herschel, »Experiments on Solar and on the Terrestrial Rays that Occasion Heat«, Philosophical Transactions of the Royal Astronomical Society, 1800, 17.

** Antonie van Leeuwenhoek, Brief an die Royal Society of London, 10. Oktober 1676.

Herschel entdeckte ein neues Lichtband. Beides war uns, direkt vor unseren Augen, verborgen geblieben.

Andere Forscher setzten unverzüglich dort an, wo Herschel aufgehört hatte. 1801 fand der deutsche Physiker und Apotheker Johann Wilhelm Ritter ein weiteres Band unsichtbaren Lichts. Statt eines Thermometers platzierte Ritter einen kleinen Stapel lichtempfindliches Silberchlorid in jeden sichtbaren Farbbereich, aber auch in den dunklen Bereich neben Violett am Ende des Spektrums. Und siehe da, der Stapel im unbeleuchteten Abschnitt verdunkelte sich stärker als der Stapel im violetten Bereich. Was ist jenseits von Violett? »Ultraviolett«, heute üblicherweise mit UV abgekürzt.

Im kompletten elektromagnetischen Spektrum, geordnet von niederenergetisch und niederfrequent bis hochenergetisch und hochfrequent, haben wir nun also: Radiowellen, Mikrowellen, Infrarot, ROYGBIV, Ultraviolett, Röntgenstrahlen und Gammastrahlen. Die moderne Zivilisation hat sich jeden dieser Frequenzbereiche für zahllose Zwecke in Haushalt und Industrie zunutze gemacht, weshalb sie uns allen heute vertraut sind.

▪

Die Entdeckung von UV und IR veränderte die Beobachtung des Himmels nicht über Nacht. Das erste Teleskop, das für die Erkennung unsichtbarer Bereiche des elektromagnetischen Spektrums konzipiert war, wurde erst 130 Jahre später gebaut. Das war lange nach der Entdeckung von Radiowellen, Röntgenstrahlen und Gammastrahlen und lange nachdem der deutsche Physiker Heinrich Hertz bewiesen hatte, dass der einzige wirkliche Unterschied zwischen den verschiedenen Arten von Licht die Frequenz der Wellen in den jeweiligen Bändern ist. In der Tat gebührt Hertz das Verdienst, erkannt zu haben, dass es so etwas wie ein elektromagnetisches Spektrum gibt. Ihm zu Ehren heißt die Einheit für die Frequenz – in Wellen pro Sekunden – von allem, was vibriert, Schallwellen eingeschlossen, zu Recht »Hertz«.

Erstaunlicherweise brauchten die Astrophysiker eine ganze Weile, bis sie die Verbindung zwischen den neu entdeckten unsichtbaren Lichtbändern und der Idee herzustellen vermochten, ein Teleskop zu bauen, das diese Frequenzbänder auch aus kosmischen Quellen identifizieren kann. Verzögerungen in der Detektortechnologie spielten hier sicher eine Rolle – eine gewisse Überheblichkeit ist allerdings auch nicht zu bestreiten: Was fällt dem Universum ein, uns Licht zu senden, das wir mit unseren fantastischen Augen gar nicht sehen können? Über drei Jahrhunderte lang – von Galileos Zeiten bis zu Edwin Hubble – bedeutete der Bau eines Teleskops nur eines: ein Instrument zu fertigen, das sichtbares Licht einfängt, und dadurch die Sehkraft, die uns die Biologie geschenkt hat, zu erweitern.

Ein Teleskop ist bloß ein Werkzeug, unsere bescheidenen Sinne zu schärfen, damit wir uns mit weit entfernten Orten besser vertraut machen können. Je größer das Teleskop, desto lichtschwächer sind die Objekte, die es ins Blickfeld rückt; je perfekter seine Spiegel geformt sind, desto schärfer das Bild, das es liefert; je empfindlicher die Detektoren, desto effizienter die damit gemachten Beobachtungen. In allen Fällen jedoch kommt jede Information, die ein Teleskop dem Astrophysiker liefert, auf einem Lichtstrahl zur Erde.

Himmlische Ereignisse sind jedoch nicht auf das beschränkt, was der menschlichen Netzhaut in den Kram passt. Vielmehr emittieren sie üblicherweise variierende Mengen von Licht gleichzeitig in mehreren Bändern. Ohne Teleskope und ihre Detektoren, die auf das gesamte Spektrum eingestellt sind, blieben die Astrophysiker gänzlich ahnungslos von allerlei atemberaubenden Dingen, die es im Universum zu entdecken gibt.

Nehmen wir einen explodierenden Stern – eine Supernova. Das ist ein gängiges und hochgradig energiereiches Ereignis im Kosmos, bei dem Röntgenstrahlung in ungeheuren Mengen generiert wird. Manchmal begleiten Ausbrüche von Gammastrahlen und Ultraviolettblitze die Explosionen, und an sichtbarem Licht herrscht dabei gewiss kein Mangel. Lange nach der Abkühlung der explosiven Gase ebben die Schockwellen ab, das sichtbare Licht verblasst, die Überreste der Supernova leuchten weiter im Infrarotbereich und pulsieren dabei in Radiowellen. Genau dort kommen die Pulsare her, die verlässlichsten Zeitmesser im Universum.

Die meisten Sternenexplosionen spielen sich in fernen Galaxien ab, nur wenn ein Stern mitten in der Milchstraße explodieren würde, wäre sein Todeskampf für jedermann sichtbar, auch ohne Teleskop. Aber kein Erdenbewohner hat jemals die unsichtbaren Röntgen- oder Gammastrahlen der beiden letzten von unserer Galaxie veranstalteten Supernova-Spektakel wahrgenommen – einmal anno 1572, das nächste im Jahr 1604. Über das wundersame sichtbare Licht dieser Ereignisse wurde freilich ausführlich berichtet.

Der jeweilige Wellenlängen- oder Frequenzbereich, den jedes Lichtband umfasst, hat starken Einfluss auf die Gestalt der Hardware, die zu seiner Entdeckung gebraucht wird. Deshalb gibt es keine einzelne Kombination aus Teleskop und Detektor, die zugleich alle Merkmale solcher Explosionen erfassen könnte. Das Problem lässt sich aber leicht beheben: Man sammelt einfach alle Beobachtungen des betreffenden Objekts, vielleicht auch die von Kollegen, in mehreren Lichtbändern. Dann weist man den unsichtbaren Bändern, an denen man interessiert ist, sichtbare Farben zu und erstellt so ein Meta-Abbild, das mehrere Bänder einschließt. Genau dies kann übrigens Geordi aus der TV-Serie *Raumschiff Enterprise – Das nächste Jahrhundert*. Mit dieser Sehkraft entgeht einem nichts mehr.

Erst wenn man das Frequenzband seiner astrophysikalischen Träume identifiziert hat, kann man beginnen, sich über die Einzelheiten Gedanken zu machen: die Größe des Spiegels, die dafür notwendigen Materialien, die Form und Fläche des Spiegels und den Detektor, den man braucht. Die Wellen von Röntgenstrahlen sind z. B. extrem kurz. Wenn

Sie die einfangen wollen, muss der Spiegel extrem glatt sein, da jede Unebenheit in der Oberfläche die Strahlen verzerrt. Erfassen Sie dagegen lange Radiowellen, könnten Sie auch einen Spiegel aus Maschendraht verwenden, den Sie von Hand zurechtgebogen haben – die Unregelmäßigkeiten des Drahtgeflechts wären wesentlich kleiner als die Wellenlängen, hinter denen Sie her sind. Natürlich wollen Sie auch möglichst viele Details – Stichwort: hohe Auflösung – haben, Ihr Spiegel sollte mithin so groß sein, wie Sie es sich leisten können. Am Ende muss Ihr Teleskop viel, viel breiter sein als die Wellenlänge des Lichts, das Sie zu entdecken hoffen. Das ist nirgendwo so offensichtlich wie bei der Konstruktion eines Radioteleskops.

▪

Radioteleskope, die frühesten je gebauten Teleskope für unsichtbares Licht, sind eine faszinierende Sonderform des Observatoriums. Der amerikanische Ingenieur Karl G. Jansky baute das erste funktionsfähige Gerät dieser Art in der Zeit von 1929 bis 1930. Das riesige Ding sah ein bisschen aus wie das bewegliche Berieselungssystem auf einer unbemannten Farm. Es bestand aus einer Reihe großer, rechteckiger Metallrahmen mit einer Stütz- und Bodenkonstruktion aus Holz. Das Ganze erinnerte an ein Karussell auf Rädern, gebaut aus Ersatzteilen eines alten Ford-T-Modells. Jansky hatte die 30 Meter lange Konstruktion auf eine Wellenlänge von ca. 15 Metern justiert, das entspricht einer Frequenz von

20,5 Megahertz.* Er sollte im Auftrag seines Arbeitgebers, der Bell Telephone Laboratories, Störgeräusche erdgebundener Radioquellen studieren, die die terrestrische Radioübertragung verunreinigen könnten. Das erinnert sehr stark an die Aufgabe, mit der die Labors von Bell 35 Jahre später Penzias und Wilson bedenken würden, nämlich das Mikrowellenrauschen in ihrem Empfänger zu identifizieren. Wie wir aus Kapitel drei wissen, führte das zur Entdeckung der kosmischen Mikrowellenhintergrundstrahlung.

Jansky verbrachte einige Jahre mit der mühseligen Verfolgung und Vermessung des statischen Rauschens, das seine notdürftig zusammengezimmerte Antenne einfing. Dabei hatte er entdeckt, dass Radiowellen nicht nur von lokalen Gewitterstürmen und anderen bekannten terrestrischen Quellen ausgehen, sondern auch aus der Mitte der Milchstraße kommen können. Diese Himmelsregion wurde alle 23 Stunden und 56 Minuten vom Blickfeld des Teleskops erfasst: Das ist exakt die Dauer der Erdrotation im Raum und demnach exakt die Zeit, die verstreichen muss, damit das

* Alle Wellen gehorchen einer einfachen Gleichung: Geschwindigkeit = Frequenz × Wellenlänge. Erhöht man bei konstanter Geschwindigkeit die Wellenlänge, bekommt die Welle selbst eine kleinere Frequenz, und umgekehrt. Multipliziert man also die zwei Größen, erhält man jedes Mal wieder die gleiche Wellengeschwindigkeit. Das funktioniert mit Licht und Schall, und selbst bei den Fans im Stadion, die sich mit »la ola« (die Welle) die Zeit vertreiben – es klappt mit jeder fortschreitenden Welle.

galaktische Zentrum wieder im gleichen Winkel und in der gleichen Höhe am Himmel steht. Karl Jansky veröffentlichte seine Ergebnisse unter dem Titel »Electrical Disturbances Apparently of Extraterrestrial Origin«.*

Diese Beobachtung war die Geburtsstunde der Radioastronomie – allerdings ohne Jansky selbst. Bell gab ihm ein anderes Projekt und hinderte ihn so daran, die Früchte seiner eigenen, bahnbrechenden Entdeckung zu ernten. Ein paar Jahre später baute ein Amerikaner namens Grote Reber aus Wheaton (Illinois) in Eigeninitiative ein Radioteleskop in Form einer Metallschüssel mit rund neun Meter Durchmesser in seinem Hinterhof. 1938 bestätigte Reber, nach wie vor in niemandes Auftrag, Janskys Entdeckung und verbrachte die nächsten fünf Jahre damit, Karten des Radiohimmels mit geringer Auflösung anzufertigen.

Rebers Teleskop war klein und nach heutigen Maßstäben nicht sehr präzise, aber immerhin ein Novum auf diesem Gebiet.

Die modernen Radioteleskope sind ganz andere Kaliber. Abgesehen davon, dass sie nicht in einen Hinterhof hineingequetscht sind, gibt es wahrlich riesige Exemplare. MK 1, das 1957 in Dienst gestellt wurde, ist das erste wirklich gigantische Radioteleskop – eine einzelne, lenkbare, massive

* Karl Jansky, »Electrical Disturbances Apparently of Extraterrestrial Origin«, *Proceedings of the Institute for Radio Engineers 21, no. 10* (1933): 1387.

Stahlschüssel mit einem Durchmesser von rund 75 Metern am Jodrell Bank Observatory in der Nähe von Manchester, England. Einige Monate nach der Inbetriebnahme von MK 1 startete die Sowjetunion Sputnik 1, und die Schüssel in Jodrell Bank war plötzlich genau das, was man brauchte, um den kompakten künstlichen Satelliten in der Erdumlaufbahn zu verfolgen. So wurde MK 1 zum Vorläufer des heutigen Deep Space Network zur Beobachtung planetarer Raumsonden.

Das weltgrößte Radioteleskop, das 2016 fertiggestellt wurde, hört auf den Namen FAST (»Five-hundred-meter Aperture Spherical radio Telescope«). Gebaut haben es die Chinesen in der Provinz Guizhou, und es ist größer als die Fläche von 30 Fußballfeldern. Sollten also die Aliens jemals anrufen, werden sie einen Chinesen am Apparat haben.

▪

Eine weitere Variante des Radioteleskops ist das Interferometer. Es besteht aus einer Reihe identischer Antennenschüsseln, die über größere Landschaftsabschnitte verteilt und elektronisch miteinander zu einem Team gekoppelt sind. Das Ergebnis ist ein einziges, kohärentes Bild extrem hoher Auflösung von Radiowellen emittierenden kosmischen Objekten. »Supersize me« war wohl das ungeschriebene Motto für Teleskope, lange bevor die Fast-Food-Branche auf diesen Slogan verfiel. Jedenfalls bilden Radio-Interferometer eine Art Jumbo-Klasse für sich. Eines davon, eine riesige Anordnung (Very Large Array) aus Radioschüsseln in der Nähe von Socorro in New Mexico, heißt ganz offiziell »Karl G. Jansky Very Large Array«. Es besteht aus 27 Schüsseln mit jeweils 25 Meter Durchmesser, die auf Schienen angebracht sind und sich über 22 Meilen einer Wüstenebene erstrecken. Dieses Observatorium ist derart kosmogen, dass es auch als Kulisse in den Filmen »2010: Das Jahr, in dem wir Kontakt aufnehmen« (1984), »Contact« (1997) und »Transformers« (2007) auftaucht. Dann gibt es da noch das Very Long Baseline Array mit zehn Teleskopschüsseln mit je 25 Meter Durchmesser, das sich über 5000 Meilen von Hawaii bis zu den Jungferninseln erstreckt. Es erzielt damit die höchste Auflösung aller Radioteleskope weltweit.

Im Mikrowellenbereich, relativ neu auf dem Gebiet der Interferometer, haben wir die 66 Antennen von ALMA, dem »Atacama Large Millimeter Array«, in einer entlegenen Hochebene der Anden im Norden Chiles. ALMA ist auf Wellenlängen von Bruchteilen eines Millimeters bis zu mehreren Zentimetern eingestellt und liefert den Astrophysikern damit hochauflösende Informationen über Kategorien kosmischer Aktivitäten, die in anderen Frequenzbändern nicht erkannt werden können, etwa die Struktur kollabierender Gaswolken, während diese sozusagen zum Kreißsaal für neue Sterne werden. ALMA steht nicht zufällig in der trockensten Gegend unseres Planeten – rund 5000 Meter über dem Meeresspiegel und weit über dem Niveau, auf dem die feuchtesten Wolken wabern. Wasser ist sicher prima zum Kochen in der Mikrowelle, aber schlecht für Astrophysiker, weil der Wasserdampf in der Erdatmosphäre die klaren Mikrowellensignale aus der Galaxie und darüber hinaus anknabbert. Diese zwei Phänomene hängen selbstverständlich zusammen: Wasser ist die wichtigste Zutat jeder Nahrung, und Mikrowellenöfen erhitzen vor allem Wasser. Nimmt man das zusammen, wird deutlich, dass Wasser Mikrowellenfrequenzen absorbiert. Will man also saubere Beobachtungen kosmischer Objekte, sollte sich möglichst wenig Wasserdampf zwischen dem Teleskop und dem Universum befinden – deshalb steht ALMA, wo es steht.

▪

Am ultrakurzwelligen Ende des elektromagnetischen Spektrums finden wir die hochfrequenten und hochenergetischen Gammastrahlen mit Wellenlängen, die in Picometern gemessen werden.* Sie wurden im Jahr 1900 entdeckt, allerdings nicht im Weltraum – dazu kam es erst nach der Anbringung eines Teleskops an Bord des NASA-Satelliten Explorer XI im Jahr 1961.

Jeder, der zu viele Sci-Fi-Filme gesehen hat, weiß, dass Gammastrahlen nicht gesund sind. Am Ende wird man vielleicht zu einem grünhäutigen Muskelprotz, oder es wachsen einem Spinnweben aus den Handgelenken. Aber Gammastrahlen lassen sich auch schwer einfangen. Durch gewöhn-

* »Pico-« ist das metrische Präfix für ein Billionstel.

liche Objektive und Spiegel gehen sie einfach hindurch. Wie also soll man sie beobachten? Im Innenleben des Teleskops von Explorer XI gab es ein Gerät namens Szintillator. Es reagiert auf ankommende Gammastrahlen mit dem Ausstoß elektrisch geladener Teilchen. Misst man nun die Energien dieser Teilchen, kann man daraus ermitteln, welche Art von hochenergetischem Licht diese erzeugt hat.

Zwei Jahre danach unterzeichneten die Sowjetunion, Großbritannien und die USA den Vertrag über das Verbot von Kernwaffenversuchen in der Atmosphäre, im Weltraum und unter Wasser, kurz LTBT (Limited Test Ban Treaty). Damit sollte verhindert werden, dass nuklearer Fallout Orte außerhalb des jeweiligen Testlands verseucht. Dies waren die Zeiten des Kalten Kriegs, als jeder jedem misstraute. Gemäß dem militärischen Diktum »Vertrauen ist gut, Kontrolle ist besser« brachten die USA eine neue Serie von Satelliten in Stellung, die *Velas*. Diese sollten nach Ausbrüchen von Gammastrahlung als Folge sowjetischer Atomtests Ausschau halten. Die Satelliten fanden tatsächlich Gammastrahlung, fast täglich sogar. Aber die Russen waren es nicht. Die Strahlung kam aus den Tiefen des Weltalls – später stellten sie sich als Visitenkarte sporadischer, ferner, gewaltiger Sternenexplosionen im ganzen Universum heraus. Das war die Geburtsstunde der Gammastrahlen-Astrophysik, einem ganz neuen Studienzweig in meinem Fachgebiet.

1994 spürte das Compton Gamma Ray Observatory der NASA etwas auf, das ebenso unerwartet kam wie die Entdeckungen durch die Velas: häufige Blitze mit Gammastrahlung in unmittelbarer Nähe der Erdoberfläche. Sinnvollerweise nannte man sie »terrestrische Gammablitze«. Nuklearer Holocaust? Nein, sonst würden sie wohl kaum diesen Satz hier lesen können. Nicht alle Ausbrüche von Gammastrahlung sind gleich tödlich, und es sind auch nicht alle kosmischen Ursprungs. In diesem Fall entstehen mindestens 50 Ausbrüche dieser Blitze Tag für Tag im oberen Bereich von Gewitterwolken, den Bruchteil einer Sekunde bevor die gewöhnlichen Blitze einschlagen. Ihr Ursprung bleibt bis zu einem gewissen Grad ein Mysterium, aber die beste Erklärung geht davon aus, dass im Gewitter, einer hochgradig elektrisch aufgeladenen Angelegenheit, die freien Elektronen bis nahe an die Lichtgeschwindigkeit beschleunigen, dann in Atomkerne in der Atmosphäre krachen und auf diese Weise die Gammastrahlen generieren.

▪

Heutzutage sind Teleskope in jedem unsichtbaren Bereich des Spektrums im Einsatz, einige von der Erde aus, die meisten jedoch im All stationiert, wo dem Teleskop keine störende Erdatmosphäre in die Quere kommt. Wir können jetzt die verschiedensten Phänomene beobachten, von niederfrequenten Radiowellen mit einer Länge von mehreren Dutzend Metern zwischen zwei Wellenkämmen bis hin zu hochfrequenten Gammastrahlen, nicht länger als ein billiardstel Meter. Die reiche Palette von Lichtvariationen ermöglicht astrophysikalische Entdeckungen ohne Ende: Sie möchten wissen, wie viel Gas zwischen den Sternen in den Galaxien herumwabert? Radioteleskope verraten es Ihnen. Ohne Mikrowellenteleskope wüsste man nichts über die kosmische Hintergrundstrahlung, und auch unsere Vorstellung vom Urknall wäre höchst lückenhaft. Sie wollen einen Blick in den Kreißsaal der Sterne werfen, tief im Innern galaktischer Gaswolken? Sehen Sie sich an, was die Infrarotteleskope zeigen. Wie steht es mit Emissionen aus der Nachbarschaft gewöhnlicher schwarzer Löcher und supermassiver schwarzer Löcher im Zentrum einer Galaxie? Hier zeigen Ultraviolett- und Röntgenteleskope, was sie können. Sie wollen die hochenergetische Explosion eines Riesensterns beobachten, mit der Masse von vierzig Sonnen? Gammastrahlenteleskope fangen das Drama für Sie ein.

Wir haben einen langen Weg hinter uns, seit Herschels Experimenten mit Strahlen, die »für die Wahrnehmung durch das menschliche Auge nicht geeignet« sind. Damit haben wir die Möglichkeit, das Universum so zu erkunden, wie es wirklich ist, nicht das, was es zu sein scheint. Herschel wäre stolz. Erst seit wir das nicht Sichtbare sehen, haben wir uns eine wahre kosmische Vision erschlossen: eine atemberaubend reichhaltige Sammlung von Objekten und Phänomenen, verteilt über den Raum und über die Zeit.

10.

ZWISCHEN DEN PLANETEN

Aus der Ferne sieht unser Sonnensystem leer aus. Würde man es in eine Kugel mit dem Durchmesser der Umlaufbahn des Neptun einschließen, also des äußersten Planeten unseres Sonnensystems,* dann würde das Volumen, das die Sonne, alle Planeten und die dazugehörigen Monde einnehmen, kaum mehr als ein Billionstel des Rauminhalts besagter Kugel ausmachen. Aber leer ist sie nicht: Der Raum zwischen den Planeten enthält alle möglichen Gesteinsbrocken und -bröckchen, Eisklumpen, Staub, Ströme geladener Teilchen und weit verstreute Sonden. Überdies ist der Raum durchzogen von monströsen Gravitations- und Magnetfeldern.

Der interplanetare Raum ist so was von unleer, dass sich die Erde während der Reise auf ihrer Kreisbahn mit 30 Kilometern pro Sekunde durch Hunderte Tonnen von Meteoren hindurchpflügt, jeden Tag – die meisten davon kaum größer als ein Sandkorn. Fast alle verbrennen in der oberen Erdatmosphäre, kollidieren mit derart viel Energie mit der Luft, dass die Überreste bei Kontakt einfach verdampfen. Unsere zerbrechliche Spezies entwickelte sich unter dieser schüt-

* Nein, es ist nicht Pluto. Finden Sie sich damit ab.

zenden Hülle. Größere, golfballgroße Meteore heizen sich schnell, aber ungleichmäßig auf und bersten oft in tausend Stücke, bevor sie verdampfen. Noch größere Meteore versengen sich an der Oberfläche, schaffen es aber bis zum Boden. Man könnte meinen, dass inzwischen, nach 4,6 Milliarden Umkreisungen der Sonne, die Erde eigentlich sämtliche denkbaren Trümmer auf ihrer Umlaufbahn »aufgesaugt« haben sollte. Aber früher war alles noch viel schlimmer. Nach der Entstehung der Sonne und ihrer Planeten regnete eine halbe Milliarde Jahre lang so viel Schrott auf die Erde herab, dass die Wärmeenergie dieser ständigen Einschläge die Erdatmosphäre stark aufheizte und die Erdkruste schmelzen ließ.

Ein ordentlicher Brocken dieses Schrotts führte zur Entstehung des Mondes. Die unerwartet geringe Menge von Eisen und anderen Elementen höherer Masse auf dem Mond, die die von den Apollo-Astronauten eingesammelten Proben enthielten, deutet darauf hin, dass der Mond sehr wahrscheinlich aus den eisenarmen Bereichen von Erdkruste und Erdmantel herausgebrochen wurde, nach einer Kollision der Erde mit einem aus der Bahn geratenen Protoplaneten von der Größe des Mars. Die kreisenden Trümmer dieser Begegnung fügten sich zu unserem hübschen, mit geringer Dichte ausgestatteten Trabanten zusammen. Abgesehen von diesem wahrlich berichtenswerten Ereignis war die Periode heftiger Bombardements, die die Erde in ihrer Kindheit aushalten musste, keine einmalige Erscheinung unter den Planeten und anderen großen Himmelskörpern im Sonnensystem. Sie alle erlitten vergleichbare Schäden, wobei die luft- und erosionsfreien Oberflächen von Mond und Merkur viel von den kraterförmigen Spuren aus dieser Zeit aufbewahrten.

Die Schrammen am Sonnensystem stammen aber nicht nur vom Treibgut aus der Zeit seiner Entstehung, auch der interplanetare Raum in der näheren Umgebung enthält Felsbrocken jeder Größe, die vom Mars, vom Mond und von der Erde durch den Rückprall bei Einschlägen mit hoher Geschwindigkeit über Bord gingen. Computerstudien von Meteoriteneinschlägen zeigen schlüssig, dass in der Nähe von Einschlagszonen Oberflächengestein mit einer so hohen Geschwindigkeit ausgeworfen werden kann, dass es sich aus dem Schwerkraftbereich seines Heimatkörpers losreißt. Aus der Häufigkeit, mit der wir Meteoriten auf der Erde entdecken, die ursprünglich vom Mars kamen, schließen wir, dass jedes Jahr etwa tausend Tonnen Marsgestein auf die Erde herabregnet. Ungefähr die gleiche Menge erreicht die Erde auf ähnliche Weise vom Mond aus. Rückblickend hätten wir also nicht zum Mond fliegen müssen, um an Mondgestein zu kommen. Nur wussten wir das während des Apollo-Programms noch nicht.

▪

Die meisten Asteroiden des Sonnensystems sind im Hauptasteroidengürtel unterwegs, eine mehr oder weniger flache Zone zwischen den Kreisbahnen von Mars und Jupiter. Traditionell benennen die Entdecker ihre Asteroiden ganz nach Belieben. Der Asteroidengürtel wird gern als Region voller ungeordnet das All durchstreifender Gesteinsbrocken dargestellt. Seine Gesamtmasse beträgt weniger als fünf Prozent derjenigen des Mondes, der wiederum kaum mehr als ein Prozent der Erdmasse besitzt. Das hört sich nach nicht sehr viel an. Aber die ständigen Störungen ihrer Orbits erzeugen in der Summe kontinuierlich eine tödliche Untergruppe, vielleicht ein paar Tausend Brocken, deren exzentrische Flugbahnen die Umlaufbahn der Erde schneiden. Eine simple Berechnung zeigt, dass die meisten davon innerhalb von hundert Millionen Jahren die Erde treffen werden. Diejenigen mit mehr als einem Kilometer Durchmesser werden mit so viel Energie einschlagen, dass das Ökosystem der Erde destabilisiert und die meisten landlebenden Spezies der Erde vom Aussterben bedroht sein werden.

Das wäre nicht gut.

Asteroiden sind nicht die einzigen Objekte im Weltraum, die das Leben auf der Erde bedrohen. Der Kuiper-Gürtel ist eine mit Kometen gespickte ringförmige Region, die unmittelbar jenseits der Umlaufbahn des Neptun beginnt. Zu dieser Zone gehört auch Pluto, und sie dehnt sich vielleicht noch einmal so weit hinter Neptun aus, wie Neptun selbst von der Sonne entfernt ist. Der in den Niederlanden geborene amerikanische Astronom Gerard Kuiper brachte die Idee auf, dass in den kalten Tiefen des Weltraums, jenseits des Neptun-Orbits, die gefrorenen Überreste der Entstehung des Sonnensystems zu Hause sein könnten. Ohne einen massiven Planeten, auf den sie stürzen könnten, werden die meisten dieser Kometen noch weitere Milliarden Jahre die Sonne umkreisen. Wie beim Asteroidengürtel sind auch im Kuiper-Gürtel einige Objekte auf exzentrischen Bahnen unterwegs, die die Umlaufbahnen anderer Planeten schneiden. Pluto und sein Geschwisterensemble mit dem hübschen Namen »Plutinos« kreuzen die Umlaufbahn des Neptun um die Sonne. Andere Objekte aus dem Kuiper-Gürtel tauchen ebenfalls tief ins innere Sonnensystem ein und kreuzen bevorzugt die Planetenbahnen. Zu dieser Gruppe gehört Halley, der berühmteste aller Kometen.

Weit jenseits des Kuiper-Gürtels, auf halber Strecke zu den nächsten Sternen, finden wir ein kugelförmiges Reservoir an Kometen, die Oortsche Wolke, benannt nach Jan Oort, einem niederländischen Astrophysiker, der als Erster ihre Existenz herleitete. Dieser Zone verdanken wir die langperiodischen Kometen, deren Orbitalperioden – und damit Besuchshäufigkeiten – weit länger sind als ein Menschenleben. Anders als die Kometen des Kuiper-Gürtels können die Kometen aus der Oortschen Wolke in jedem Winkel und aus jeder Richtung auf das innere Sonnensystem herabregnen. Die beiden hellsten Kometen der 1990er-Jahre, Hale-Bopp und Hyakutake, stammten aus der Oortschen Wolke und werden sich so bald nicht mehr hier blicken lassen.

▪

Hätten wir Augen, die Magnetfelder sehen können, würde Jupiter zehn Mal größer aussehen als der Vollmond am Nachthimmel. Raumfahrzeuge, die den Jupiter besuchen, müssen so gebaut sein, dass sie dieser mächtigen Kraft widerstehen. Wie der englische Physiker Michael Faraday im 19. Jahrhundert demonstrierte, wird beim Durchführen eines Drahts durch ein Magnetfeld eine Spannungsdifferenz auf der Länge des Drahts generiert. Deshalb werden in sich schnell bewegende, metallene Raumsonden elektrische Ströme induziert. Unterdessen erzeugen diese Ströme eigene Magnetfelder, die mit dem umgebenden Magnetfeld auf eine Weise interagieren, die die Bewegung der Raumsonde abbremst.

Als ich das letzte Mal nachzählte, hatten die Planeten im Sonnensystem zusammen 56 Monde. Dann wachte ich eines Morgens auf und musste feststellen, dass man beim Saturn ein weiteres Dutzend gefunden hatte. Nach diesem Vorfall beschloss ich, mit der Zählerei aufzuhören. Jetzt interessiert mich nur noch, ob einer davon vielleicht ein nettes Plätzchen wäre, das einen Besuch oder ein weiteres Studium wert wäre. In mancherlei Hinsicht sind die Monde in unserem Sonnensystem viel faszinierender als die Planeten, um die sie kreisen.

▪

Der Erdenmond hat etwa 1/400stel des Durchmessers der Sonne, ist aber auch nur 1/400stel so weit von uns entfernt.

So haben die Sonne und der Mond für das Auge die gleiche Größe am Himmel – ein Zufall, mit dem keine andere Kombination aus Planet und Mond im gesamten Sonnensystem aufwarten kann und der uns diese einmalig fotogenen totalen Sonnenfinsternisse beschert. Die Umlaufbahnen von Erde und Mond sind aber auch synchron, d. h., die Rotationsperiode des Mondes ist identisch mit der Periode seines Umlaufs um die Erde. Wann und wo immer dies der Fall ist, wendet der synchronisierte Mond seinem Heimatplaneten stets die gleiche Seite zu.

Das Mondsystem des Jupiters steckt voller exzentrischer Vögel. Io, der dem Jupiter am nächsten liegende Mond, ist synchron und strukturell gestresst durch Interaktionen mit Jupiter selbst und mit anderen Monden, was genug Hitze in seine kleine Kugel pumpt, um sein inneres Gestein zum Schmelzen zu bringen. Io ist der vulkanisch aktivste Ort im gesamten Sonnensystem. Jupiters Mond Europa hat genug H_2O, damit sein Heizungsmechanismus – der gleiche wie auf Io – das Eis unter der Oberfläche schmelzen konnte, d. h., dort bleibt ein warmer Ozean zurück. Wenn es einen »nächstbesten« Ort für die Suche nach Leben gibt, dann ist er hier. (Ein auch künstlerisch tätiger Mitarbeiter fragte mich einmal, ob außerirdische Lebensformen, würde man sie auf Europa finden, dann wohl »Europäer« heißen würden. Da mir keine plausible Alternative einfiel, musste ich dies bejahen.)

Plutos größter Mond, Charon, ist so groß und so nahe an Pluto, dass Pluto und Charon sich doppelsynchron zueinander bewegen: Ihre Rotationsperioden und ihre Umdrehungsperioden sind identisch.

Monde werden üblicherweise nach Promis aus dem griechischen Altertum benannt, die im Leben des griechischen Gegenstücks zu dem römischen Gott, nach dem der Planet selbst benannt ist, eine Rolle spielten. Die klassischen Götter hatten, vorsichtig ausgedrückt, ein ziemlich kompliziertes Sozialleben – Patchwork ist harmlos dagegen. An Charakteren, bei denen man sich bedienen kann, herrscht deshalb kein Mangel. Die einzige Ausnahme von dieser Regel bilden die Monde des Uranus, denn die sind nach ausgewählten Protagonisten der britischen Literatur benannt. Der englische Astronom Sir William Herschel war der erste Mensch, der einen Planeten jenseits der mit bloßem Auge problemlos sichtbaren entdeckte, und er war fest entschlossen, ihn nach dem König zu benennen, dessen treuer Untertan er war. Wäre Sir William damit durchgekommen, würde die Liste der Planeten heute wie folgt lauten: Merkur, Venus, Erde, Mars, Jupiter, Saturn und George. Zum Glück setzten sich am Ende kühlere Köpfe durch, und man entschied sich ein paar Jahre später für den klassisch-antiken Namen Uranus. Aber sein ursprünglicher Vorschlag, die Monde nach Charakteren aus Shakespeare-Dramen und Gedichten von Alexander Pope zu benennen, hat bis heute Bestand. Unter den 27 Uranusmonden finden wir mithin Ariel, Cordelia, Desdemona, Julia, Ophelia, Portia, Puck, Umbriel und Miranda.

Die Sonne verliert in einer Größenordnung von über einer Million Tonnen pro Sekunde Material von ihrer Oberfläche. Wir bezeichnen das als »Sonnenwind«, der die Form hochenergetischer geladener Teilchen annimmt. Diese Partikel rasen über tausend Meilen pro Sekunde schnell durchs All und werden dabei von planetaren Magnetfeldern abgelenkt. Die Teilchen sinken spiralförmig in Richtung der nördlichen und südlichen Pole herab, beschwören dabei Kollisionen mit Gasmolekülen herauf und hinterlassen ein farbenfrohes Spektakel von Polarlichtern in der Atmosphäre. Das Hubble-Weltraumteleskop fand Polarlichter auch in der Nähe der Pole von Saturn und Jupiter. Und auf der Erde erinnern uns *aurora borealis* und *aurora australis* (Nordlichter und Südlichter) immer mal wieder daran, wie schön es ist, eine schützende Atmosphäre um sich herum zu haben.

Von der Erdatmosphäre heißt es üblicherweise, sie erstrecke sich mehrere Dutzend Meilen über die Erdoberfläche hinaus. Satelliten im erdnahen Orbit kreisen normalerweise in einer Höhe von 150 bis 650 Kilometern und brauchen ca. 90 Minuten für eine Erdumrundung. Atmen kann man in diesen Höhen natürlich nicht, aber einige atmosphärische Moleküle sind dort durchaus noch vorhanden – genug jedenfalls, um langsam, aber sicher arglose Satelliten ihrer Orbitalenergie zu berauben. Um dem entgegenzuwirken, benötigen Satelliten im niedrigen Orbit-Bereich gelegentliche Schübe, sonst würden sie auf die Erde zurückplumpsen und in der Atmosphäre verglühen. Eine alternative Möglichkeit, die Grenze unserer Atmosphäre zu definieren, ist die

Frage, wo die Dichte ihrer Gasmoleküle der Dichte der Gasmoleküle im interplanetaren Raum entspricht. Nach dieser Definition erstreckt sich die Erdatmosphäre über Tausende von Kilometern.

In Orbits weit über diesem Niveau, in rund 38 000 Kilometern Höhe (immerhin ein Zehntel der Entfernung zum Mond), bewegen sich unsere Kommunikationssatelliten. In dieser speziellen Höhe ist die Erdatmosphäre nicht nur irrelevant, die Geschwindigkeit der Satelliten ist auch gering genug, dass sie einen ganzen Tag für eine Umrundung der Erde brauchen. Mit einem Orbit, der exakt der Rotationsrate der Erde entspricht, scheinen diese Satelliten mithin unbeweglich zu schweben – sie sind daher perfekt geeignet, um Signale von einem Teil der Erdoberfläche an einen anderen weiterzuleiten.

▪

Newtons Gesetze konstatieren eindeutig, dass mit zunehmender Entfernung von einem Planeten dessen Gravitation zwar abnimmt, aber niemals null erreicht. Der Planet Jupiter mit seinem mächtigen Gravitationsfeld räumt viele Kometen aus dem Weg, die andernfalls im inneren Sonnensystem eine Menge Schaden anrichten würden. Jupiter dient als gravitationsgestützter Schutzschild für die Erde, ein kräftiger großer Bruder, der der Erde seit langer Zeit (hunderte Millionen von Jahren) relative Ruhe und Frieden sichert. Ohne den Schutz Jupiters hätte es das komplexe Leben hier ganz schön schwer gehabt, auf interessante Weise komplex zu werden, angesichts der ständigen Gefahr, durch einen verheerenden Kometeneinschlag ausgelöscht zu werden.

Wir haben die Gravitationsfelder von Planeten für fast jede Sonde genutzt, die wir ins All geschickt haben. Die Sonde *Cassini* etwa, die dem Saturn einen Besuch abgestattet hat, holte sich via Schwerkraft zwei Mal Schwung bei Venus, einmal bei der Erde (auf einem erneuten Vorbeiflug) und einmal bei Jupiter. Ähnlich wie bei einem Billardstoß über mehrere Banden sind solche Flugbahnen von einem Planeten zum anderen sehr gängig. Unsere winzigen Sonden hätten sonst niemals genug Geschwindigkeit und Energie, um jemals ihr Ziel zu erreichen.

Ich bin inzwischen selbst verantwortlich für ein interplanetares Trümmerstück in unserem Sonnensystem. Im November 2000 wurde der Asteroid 1994KA im Asteroiden-Hauptgürtel, entdeckt von David Levy und Carolyn Shoemaker, mir zu Ehren »13123 Tyson« getauft. Ich weiß diese Ehre zu schätzen, allerdings gibt es keinen Grund, sich darauf etwas einzubilden; viele Asteroiden haben gängige Namen wie Jody, Harriet oder Thomas. Es gibt sogar Asteroiden mit Namen wie Merlin, James Bond und Santa. Inzwischen geht die Zahl der bekannten Asteroiden in die Hunderttausende – vielleicht gehen uns irgendwann die Namen aus. Aber ob es dazu kommt oder nicht: Ich finde es tröstlich, dass mein Brocken kosmischen Abfalls nicht allein ist, während er den Raum zwischen den Planeten zumüllt. Er wird begleitet von einer langen Liste anderer Brocken, die die Namen realer und fiktionaler Personen tragen.

Außerdem bin ich froh, dass sich mein Asteroid, gegenwärtig zumindest, nicht auf Kollisionskurs mit der Erde befindet.

11.

EXOPLANET ERDE

Ganz gleich ob Sie sich bevorzugt rennend, schwimmend, gehend oder kriechend fortbewegen, um von A nach B zu kommen: Sie haben immer Nahansichten all der Dinge vor sich, die unser Planet in unbegrenzter Fülle bereithält. Vielleicht sehen Sie eine rosafarbene Kalksteinader in der Wand eines Canyons, einen Marienkäfer, wie er am Stiel einer Rose eine Blattlaus verzehrt, oder eine Muschelschale, die aus dem Sand hervorlugt. Sie müssen nichts weiter tun als hinschauen.

Aus dem Fenster eines startenden Flugzeugs verschwinden derlei Details sehr schnell. Keine leckeren Blattläuse. Keine neugierigen Muscheln. Hat man dann die Reiseflughöhe von ca. 10 000 Metern erreicht, sind selbst sechsspurige Autobahnen nicht mehr ohne Weiteres auszumachen.

Die Details schwinden weiter, je weiter Sie ins Weltall entschweben. Aus dem Fenster der ISS, die in ca. 400 Kilometern Höhe um die Erde kreist, erkennen Sie bei Tag Paris, London, New York oder Los Angeles vielleicht gerade so, aber nur weil Sie aus dem Geografieunterricht wissen, wo diese Städte liegen. Bei Nacht erkennt man diese ausgedehnten Megacitys dann allerdings überdeutlich an den riesigen

Lichtflecken, die sie ausstrahlen. Bei Tag werden Sie, entgegen der verbreiteten Ansicht, schwerlich die Pyramiden von Gizeh erkennen, und mit großer Sicherheit nicht die Chinesische Mauer. Das liegt zum Teil daran, dass sie aus der Erde und dem Gestein ihrer unmittelbaren Umgebung errichtet wurden. Und die Mauer ist zwar viele Tausend Kilometer lang, aber nur ca. 6 Meter breit – viel schmaler als jede vierspurige Autobahn, die man schon aus dem Flieger nur schemenhaft erkennt, wenn überhaupt.

Aus dem Orbit hätte man mit bloßem Auge die Rauchwolken der kuwaitischen Ölfelder am Ende des ersten Golfkriegs 1991 gesehen, und auch den Rauch der brennenden Türme des World Trade Center in New York am 11. September 2001. Sie erkennen auch die grün-braunen Grenzlinien zwischen Streifen bewässerten und trockenen Bodens. Ansonsten gibt es nicht viel Menschengemachtes auf der Erde, das man aus Hunderten Kilometern Höhe noch ausmachen könnte. Sehr wohl aber sehen Sie jede Menge natürlichen Geschehens, etwa Hurrikane im Golf von Mexiko, große Eisschollen im Nordatlantik und Vulkanausbrüche, wo auch immer sie sich abspielen.

Vom Mond aus betrachtet, aus 380 000 Kilometern Entfernung, reichen die Lichter von New York, Paris und anderen irdischen Metropolen noch nicht einmal für ein Funkeln. Als Mann oder Frau im Mond erkennen Sie aber immer noch größere Wetterfronten, die über den Planeten ziehen. Vom Mars aus, wenn er uns besonders nah ist, also in ca. 56 Millionen Kilometern Entfernung, bräuchten Sie schon ein ganz schön großes Hinterhof-Teleskop, um schneebedeckte Gebirgsmassive oder die Umrisse der Kontinente zu erkennen. Reisen Sie weiter zum Neptun, rund 4,5 Milliarden Kilometer weit entfernt – in kosmischen Maßstäben ein Katzensprung –, und die Sonne selbst leuchtet schon tausendmal schwächer und nimmt nur noch ein Tausendstel der Fläche am Taghimmel ein, verglichen mit dem Blick von der Erde. Und die Erde selbst? Ein winziger Fleck, nicht heller als ein fahler Stern, der im Glanz der Sonne völlig untergeht.

Ein berühmtes Foto aus dem Jahr 1990, aufgenommen von *Voyager 1* unmittelbar außerhalb des Neptun-Orbits, zeigt, wie kümmerlich die Erde aussieht, von den Tiefen des Weltraums aus gesehen: ein »blassblauer Punkt«, wie der amerikanische Astrophysiker Carl Sagan es nannte. Und das ist noch wohlwollend ausgedrückt. Ohne entsprechende Bildbeschriftung würde man die Erde wohl glatt übersehen.

Was würde passieren, wenn ein paar Aliens aus den unendlichen Weiten und mit großen Gehirnen ausgestattet den Himmel mit ihrer natürlichen, überragenden Sehkraft absuchen würden, weiter unterstützt durch die modernsten optischen Hilfsmittel ihrer stark avancierten Technologie? Welche sichtbaren Merkmale des Planeten Erde würden ihnen auffallen?

Die blaue Farbe gewiss zuallererst. Wasser bedeckt über zwei Drittel der Erdoberfläche; der Pazifik allein erstreckt sich über fast die Hälfte der Erdkugel. Jedes Wesen mit genug technischem Gerät und Expertise, um die Farbe unseres Planeten zu erkennen, würde gewiss auf das Vorhandensein von Wasser schließen, das dritthäufigste Molekül im Universum.

Bei ausreichend hoher Auflösung ihrer technischen Ausrüstung würden die Aliens mehr sehen als bloß einen blassblauen Punkt. Auch komplexe Küstenlinien würden ihnen auffallen und nahelegen, dass Wasser in flüssiger Form vorliegt. Und clevere Aliens wüssten bestimmt, dass ein Planet mit flüssigem Wasser auch eine Temperatur und einen Atmosphärendruck aufweist, der innerhalb eines klar abgegrenzten Bereichs liegen muss.

Die charakteristischen Poleiskappen der Erde, die von jahreszeitlichen Temperaturschwankungen abhängig wachsen oder schrumpfen, wären ebenfalls mithilfe sichtbaren Lichts erkennbar. Dasselbe gilt für die 24-Stunden-Dauer einer Umdrehung unserer Erde um die eigene Achse, da die sichtbaren Landmassen in regelmäßigen Intervallen ins Blickfeld kommen. Die Aliens würden auch größere Wettersysteme kommen und gehen sehen und bei genauem Studium auch zuverlässig zwischen den Merkmalen unterscheiden können, die durch die Wolken in der Atmosphäre und durch die Erdoberfläche selbst verursacht sind.

Zeit für einen Faktencheck. Unser nächster Exoplanet – der nächste Planet, der einen anderen Stern als unsere Sonne umkreist – befindet sich im benachbarten Sternensystem Alpha Centauri, rund vier Lichtjahre entfernt und vorwiegend von der Südhalbkugel der Erde aus sichtbar. Die meisten erfassten Exoplaneten sind Dutzende bis Hunderte Lichtjahre von uns entfernt. Die Helligkeit der Erde beträgt ein Milliardstel der Helligkeit der Sonne, und die Nähe unseres Planeten zur Sonne würde es für jeden Beobachter extrem schwer machen, die Erde direkt mit einem auf sichtbares Licht eingerichteten Teleskop zu finden. Das ist so, als wollte man ein Glühwürmchen direkt unter dem Flutlichtmast im Fußballstadion entdecken. Wenn also Aliens uns gefunden haben, werden sie eher mit Wellenlängen arbeiten, die außerhalb des sichtbaren Lichts liegen, also etwa Infrarot, wo unsere Helligkeit relativ zur Sonne etwas besser abschneidet als im Spektrum des sichtbaren Lichts – oder die Alien-Techniker arbeiten ohnehin mit einer völlig anderen Strategie.

Vielleicht tun sie ja etwas, das auch einige irdische Planetenjäger üblicherweise tun: Sie beobachten Sterne, um festzustellen, ob diese in regelmäßigen Intervallen wackeln. Das periodische Wackeln eines Sterns verrät die Existenz eines um den Stern kreisenden Planeten, der zu wenig Licht abgibt, um direkt erkannt zu werden. Entgegen der weitverbreiteten Ansicht ist es gar nicht so, dass ein Planet seinen Heimatstern einfach umkreist. Vielmehr drehen sich der Planet und sein Heimatstern um ihren gemeinsamen Massenschwerpunkt. Je größer der Planet, desto deutlicher muss die Reaktion des Sterns ausfallen, und desto messbarer wird das Wackeln, wenn man das Licht des Sterns analysiert.

Zum Verdruss unserer außerirdischen Planetenjäger ist die Erde so mickrig, dass die Sonne sich fast gar nicht rührt. Damit hätten die Aliens eine weitere Herausforderung vor sich.

▪

Das Kepler-Teleskop der NASA, das speziell dafür gebaut wurde, erdähnliche Planeten zu entdecken, die um sonnenähnliche Sterne kreisen, brachte uns auf eine weitere Möglichkeit, durch die sich die Liste der Exoplaneten gewaltig verlängerte. Kepler suchte nach Sternen, deren Gesamthelligkeit in regelmäßigen Intervallen leicht abnimmt. In diesen Fällen ist Keplers Sichtlinie genau die richtige, um zu erkennen, dass ein Stern um eine Winzigkeit an Helligkeit verliert, weil einer seiner Planeten direkt vor ihm vorüberzieht. Bei dieser Methode sehen Sie nicht den Planeten als solchen. Sie sehen noch nicht einmal irgendwelche Eigenschaften auf der Oberfläche des Sterns. Kepler registrierte einfach die Veränderungen der Gesamthelligkeit eines Sterns, fügte aber auf diese Weise Tausende Exoplaneten zur Liste hinzu, darunter auch Hunderte in multiplanetaren Sternensystemen. Aus diesen Daten ergeben sich auch die Größe des Exoplaneten, seine Umlaufzeit und der Abstand seiner Umlaufbahn vom Heimatstern. Sogar sinnvolle Rückschlüsse auf die Masse des Planeten sind damit möglich.

Falls Sie sich wundern sollten: Wenn die Erde vor der Sonne vorbeizieht – und aus einer bestimmten Sichtlinie in der Galaxie tut sie das regelmäßig –, verdeckt sie 1/10000stel der Sonnenoberfläche und verdunkelt damit das Sonnenlicht für kurze Zeit um 1/10000stel seiner normalen Helligkeit. Alles gut und schön. Die Aliens stellen fest, dass die Erde existiert, wissen aber noch nichts von dem, was sich auf ihrer Oberfläche abspielt.

Hier kommen Radiowellen und Mikrowellen ins Spiel. Vielleicht haben unsere neugierigen Außerirdischen so etwas wie das 500 Meter große Radioteleskop in der chinesischen Provinz Guizhou. Wenn ja und wenn sie es auf die richtigen Frequenzen einstellen, werden sie mit Sicherheit die Erde bemerken – bzw., sie werden unsere moderne Zivilisation als eine der stärksten Lichtquellen am Himmel diagnostizieren. Denken Sie nur an die ganzen Dinge, die Radio- und Mikrowellen generieren: Das ist nicht bloß das gute alte Radio, da wären noch Fernsehen, Handys, Mikrowellenöfen, Garagentoröffner, die Zentralverriegelung Ihres Autos, kommerzielles Radar, militärisches Radar und Kommunikationssatelliten. Wir produzieren massenhaft langfrequente Wellen – ein spektakulärer Beweis, dass hier etwas Ungewöhnliches vor sich geht, da kleine, felsige Planeten im natürlichen Zustand so gut wie keine Radiowellen emittieren würden.

Wenn also diese Aliens ihre Version eines Radioteleskops zwecks Spähangriff auf uns ausrichten, könnten sie zu dem Schluss kommen, dass auf unserem Planeten Technologie genutzt wird. Ganz so einfach ist es aber auch wieder nicht, denn andere Interpretationen sind möglich. Vielleicht könnten sie nicht zwischen Erdsignalen und denjenigen der größeren Planeten in unserem Sonnensystem unterscheiden, denn auch die geben allesamt Radiowellen in beachtlichen Mengen ab, vor allem Jupiter. Vielleicht würden sie denken, wir sind eine neue Art seltsamer, radiowellenintensiver Planet. Vielleicht könnten sie auch die Radiowellenemissionen der Erde nicht von denen der Sonne unterscheiden und müssten dann annehmen, die Sonne sei eine neue Art seltsamer, radiowellenintensiver Stern.

Astrophysiker hier auf der Erde, an der University of Cambridge in England, waren damals, anno 1967, ähnlich erstaunt. Antony Hewish und sein Team suchten mit einem Radioteleskop den Himmel nach Quellen starker Radiowellen ab und entdeckten etwas höchst Eigenartiges: ein Objekt, das in präzisen, wiederkehrenden Intervallen von etwas mehr als einer Sekunde pulsierte. Jocelyn Bell, eine Hochschulabsolventin in Hewishs Team, bemerkte es als Erste.

Schon bald hatten Bells Kollegen herausgefunden, dass die Impulse aus großer Entfernung kamen. Der Gedanke, dass es sich um ein technologisch erzeugtes Signal handelte – eine fremde Kultur, die einen Nachweis ihrer Aktivitäten in den Weltraum sendete –, war nur zu verlockend. Bell erzählt: »Wir hatten keinen Beweis, dass es rein natürliche Radiowellen waren … Da stand ich nun, wollte einen Ph. D. aus einer neuen Technik herausholen, und ein paar kleine grüne Männchen mussten sich ausgerechnet meine Antenne und meine Frequenz aussuchen, um mit uns zu kommunizieren.«* Innerhalb von wenigen Tagen stellte sie jedoch weitere sich wiederholende Signale fest, die von anderen Orten in unserer Milchstraße stammten. Bell und ihren Kollegen wurde klar, dass sie eine neue Klasse kosmischer Objekte entdeckt hatten – Sterne, die ausschließlich aus Neutronen bestanden und die bei jeder Rotation pulsierende Radiowellen aussendeten. Hewish und Bell tauften sie logischerweise »Pulsare«.

Wie sich herausstellt, ist das Abfangen von Radiowellen nicht die einzige Chance für astronomische Detektive. Es gibt auch noch die Kosmochemie. Die chemische Analyse planetarer Atmosphären ist zu einem intensiven Betätigungsfeld in der modernen Astrophysik geworden. Die Kosmochemie baut, wie Sie sicher schon erraten haben, vorwiegend auf der Spektroskopie auf – der Analyse von Licht unter Zuhilfenahme eines Spektrometers. Mit spektroskopischen Werkzeugen und Methoden können die Kosmochemiker auf die Präsenz von Leben auf einem Exoplaneten schließen, unabhängig davon, ob dieses Leben über Empfindungsvermögen, Intelligenz oder Technologie verfügt.

Die Methode funktioniert, weil jedes Element, jedes Molekül – ganz gleich wo im Universum es vorkommt – Licht auf individuelle Weise absorbiert, emittiert, reflektiert und streut. Wie bereits erwähnt, können Sie dieses Licht dann

* Jocelyn Bell, *Annals of the New York Academy of Sciences* 302 (1977): 685.

durch ein Spektrometer leiten und Merkmale feststellen, die man mit Fug und Recht als chemischen Fingerabdruck bezeichnen kann. Die meisten sichtbaren Fingerabdrücke erzeugen diejenigen Chemikalien, die durch den Druck und die Temperatur ihrer jeweiligen Umgebung am stärksten angeregt werden. Planetare Atmosphären sind reich an solchen Merkmalen. Und wenn es auf einem Planeten jede Menge Flora und Fauna gibt, wird seine Atmosphäre reich an Biomarkern sein – den spektralen Beweisen für Leben. Solche Beweise werden sich nur schwer verbergen lassen, ganz gleich ob sie biogen (erzeugt von Lebensformen jedweder Art), anthropogen (erzeugt durch die recht verbreitete Spezies *Homo sapiens*) oder technogen (erzeugt ausschließlich durch Technologie) sind.

Für den Fall, dass unsere extraterrestrischen Weltraumdetektive nicht mit eingebauten spektroskopischen Sensoren geboren wurden, müssten sie schon ein Spektrometer bauen, um unsere Fingerabdrücke lesen zu können. Aber vor allem müsste die Erde vor der Sonne vorbeiziehen (oder vor einer anderen Lichtquelle), damit Licht unsere Atmosphäre durchströmt und später bei den Aliens ankommt. Auf diese Weise könnten die Chemikalien in der Erdatmosphäre mit dem Licht interagieren und so ihre für alle sichtbaren Spuren hinterlassen.

Manche Moleküle – Ammoniak, Kohlenstoffdioxid, Wasser – kommen in Hülle und Fülle im Universum vor, ob es dort nun Leben gibt oder nicht. Andere Moleküle gedeihen dagegen dann, wenn Leben in der Nähe ist. Ein weiterer leicht zu entdeckender Biomarker ist der nachhaltige Bestand des Moleküls Methan auf der Erde – zwei Drittel davon entstehen durch menschliche Aktivitäten wie die Produktion von Ölbrennstoffen, den Reisanbau, Abwasser sowie die Magen- und Darmwinde unseres lieben Nutzviehs. Natürliche Quellen, die nun das restliche Drittel ausmachen, sind etwa die verrottende Vegetation in Feuchtgebieten und die Ausscheidungen von Termiten. Derweil benötigt Methan an Orten, an denen Sauerstoff knapp ist, nicht zwangsläufig Leben für seine Entstehung. An genau diesem Punkt streiten Astrobiologen über den exakten Ursprung der Methanspuren auf dem Mars und der üppigen Methanvorkommen auf dem Saturnmond Titan, wo nach bisherigen Erkenntnissen weder Kühe noch Termiten zu Hause sind.

Sollten die Aliens die Nachtseite unserer Erde inspizieren, während wir vor unserem Heimatstern vorbeiziehen, könnten sie einen Anstieg der Natriumkonzentration durch die verbreitete Nutzung von Natriumdampflampen in der Straßenbeleuchtung feststellen, die in der Dämmerung in Städten und Vorstädten anzuspringen pflegen. Am verräterischsten allerdings wäre der frei umherfliegende Sauerstoff, der immerhin ein Fünftel unserer Atmosphäre ausmacht.

Sauerstoff – nach Wasserstoff und Helium das dritthäufigste Element im Kosmos – ist chemisch aktiv und verbindet sich leicht mit anderen Atomen – Wasserstoff, Kohlenstoff, Stickstoff, Silicium, Schwefel, Eisen und so weiter. Er verbindet sich sogar mit sich selbst. Damit Sauerstoff in stabilem Zustand vorliegen kann, muss es deshalb etwas geben, das ihn so schnell freisetzt, wie er verbraucht wird. Hier auf Erden lässt sich diese Freisetzung auf das Leben zurückführen. Fotosynthese, die von Pflanzen und vielen Bakterien erledigt wird, schafft freien Sauerstoff in den Ozeanen und in der Atmosphäre. Freier Sauerstoff wiederum ermöglicht die Existenz sauerstoffumwandelnden Lebens, also von uns und praktisch jedem anderen Wesen im Tierreich.

Wir Erdlinge wissen bereits um die Bedeutung der unverwechselbaren chemischen Fingerabdrücke unseres Planeten. Aliens aus fernen Welten hingegen, die auf uns stoßen, müssen ihre Erkenntnisse erst noch interpretieren und ihre Vermutungen testen. Muss das periodische Auftreten von Natrium wirklich technogenen Ursprungs sein? Freier Sauerstoff ist gewiss biogen. Wie steht es mit Methan? Auch das ist chemisch instabil und, ja, es ist zum Teil anthropogen, aber wie wir nun wissen, hat Methan auch unbelebte Ursachen.

Wenn die Aliens konstatieren, dass die chemischen Merkmale der Erde sichere Beweise für Leben darstellen, werden sie sich vielleicht fragen, ob es sich um intelligentes Leben handelt. Man darf annehmen, dass die Aliens miteinander kommunizieren, und vielleicht gehen sie davon aus, dass auch andere intelligente Lebensformen zur Kommunikation fähig sind. In dem Moment beschließen sie vielleicht, die Erde mit ihren Radioteleskopen zu belauschen, um herauszufinden, welchen Teil des elektromagnetischen Spektrums die Erdbewohner beherrschen. Aber die Aliens könnten, unabhängig davon, ob sie gestützt auf Chemie oder Radiowellen forschen, zur gleichen Schlussfolgerung gelangen: Ein Planet, auf dem es fortschrittliche Technologie gibt, muss von intelligenten Lebensformen bewohnt sein, die vielleicht auch erkunden wollen, wie das Universum funktioniert und wie man dessen Gesetze zum Wohle Einzelner oder der Allgemeinheit nutzbringend anwenden kann.

Wenn man sich die atmosphärischen Fingerabdrücke der Erde näher ansieht, werden auch Schwefelsäure, Kohlensäure und Salpetersäure zu den humanen Biomarkern zählen, und andere Komponenten des Smogs aus der Verbrennung fossiler Energieträger. Sollten uns die neugierigen Außerirdischen in sozialer, kultureller und technologischer Hinsicht voraus sein, werden sie diese Biomarker gewiss als überzeugende Beweise für die *Abwesenheit* intelligenten Lebens auf der Erde interpretieren.

▪

Der erste Exoplanet wurde im Jahr 1995 entdeckt, und derzeit sind es annähernd viertausend, die meisten davon in einer kleinen Ecke der Milchstraße in unserem Sonnensystem. Folglich muss es anderswo noch zahllose weitere geben. Immerhin enthält unsere Galaxie über hundert Milliarden Sterne, und das bislang bekannte Universum beherbergt rund hundert Milliarden Galaxien.

Unsere Suche nach Leben im Universum treibt die Suche

nach Exoplaneten voran, von denen einige der Erde ähnlich sind – nicht in jedem Detail, versteht sich, aber in den Eigenschaften insgesamt. Neueste Schätzungen auf der Basis der gegenwärtigen Planetenkataloge gehen davon aus, dass es allein in der Milchstraße bis zu 40 Milliarden erdähnliche Planeten gibt. Das alles sind Planeten, die unsere Nachkommen eines Tages werden besuchen wollen – vielleicht freiwillig, vielleicht wird ihnen aber auch gar nichts anderes übrig bleiben.

12.

GEDANKEN ZUR KOSMISCHEN PERSPEKTIVE

Von allen Wissenschaften, die der menschliche Verstand erforschet und durchgedacht hat, ist die Astronomie unstreitig die erhabenste, die reizendste und die nützlichste. Denn vermöge unserer Kenntnisse, die wir durch diese Wissenschaft erlanget haben, ist nicht nur die Figur und Größe der Erde entdeckt und bestimmet …; sondern auch, durch die Größe der Gegenstände, mit welchen sie uns bekannt gemacht hat, sind unsere Fähigkeiten veredelt; unser Geist über die niedrigen Vorurtheile des Pöbels erhoben.
James Ferguson, 1757*

Lange bevor irgendjemand wusste, dass das Universum einen Anfang hatte, bevor wir wussten, dass die nächste große Galaxie zwei Millionen Lichtjahre von der Erde entfernt ist, bevor wir wussten, wie Sterne funktionieren oder ob es Atome gibt, wirkte James Fergusons enthusiastische Einführung in seine bevorzugte Wissenschaft irgendwie glaubwürdig. Dabei hätten seine Worte, vom archaischen Stil abgesehen, genauso gut erst gestern geschrieben worden sein können.

* James Ferguson, *Die Astronomie nach Newtons Grundsätzen erklärt; faßlich für die, so nicht Mathematik studiren* (London, 1757, dt. Übersetzung: Berlin und Stettin, 1783)

Aber wer würde auf so einen Gedanken kommen? Wer käme dazu, die kosmische Sicht des Lebens zu bejubeln? Nicht der Wanderarbeiter. Nicht der ausgebeutete Fabrikarbeiter. Gewiss nicht der Obdachlose, der unter der Brücke schlafen und den Abfall nach Essbarem durchwühlen muss. Es braucht den Luxus, Zeit zu haben, die nicht fürs nackte Überleben aufgewendet werden muss. Man sollte schon in einem Staat leben, dessen Regierung die Suche nach dem Platz der Menschheit im Universum zu schätzen weiß. Es braucht eine Gesellschaft, in der man durch intellektuelles Bemühen in die Grenzbereiche des Entdeckertums gelangen kann und in der die Nachricht über diese Entdeckungen regelmäßige Verbreitung findet. Nach diesen Maßstäben geht es wohl den meisten Menschen in der industrialisierten Welt ziemlich gut.

Doch die kosmische Sicht der Dinge bringt auch verborgene Kosten mit sich. Wenn ich Tausende Meilen weit reise, um ein paar Augenblicke im schnell wandernden Schatten des Mondes während einer totalen Sonnenfinsternis zu verbringen, verliere ich manchmal die Erde aus dem Blick.

Wenn ich innehalte und über unser expandierendes Universum nachdenke, mit seinen unentwegt auseinanderdriftenden Galaxien, eingebettet in das sich stets ausdehnende, vierdimensionale Raum-Zeit-Gefüge, vergesse ich manchmal, dass zahllose Menschen auf dieser Erde weder Nahrung noch ein Dach über dem Kopf haben und dass unverhältnismäßig viele davon Kinder sind.

Wenn ich über meinen Daten brüte, aus denen die mysteriöse Präsenz dunkler Materie und dunkler Energie im Universum hervorgeht, vergesse ich manchmal, dass jeden Tag – mit jeder 24 Stunden dauernden Umdrehung unserer Erde – Menschen töten und getötet werden. Sie töten und werden getötet im Namen der Vorstellung, die irgendwer von Gott hat. Und manche Menschen, die nicht im Namen Gottes töten, tun dies im Namen von Notwendigkeiten oder Zwängen des politischen Dogmas.

Wenn ich die Bahnen von Asteroiden, Kometen und Planeten verfolge, jeder einzelne ein wirbelnder Tänzer im Ballett des Kosmos, choreografiert von den Kräften der Gravitation, vergesse ich bisweilen, dass zu viele Menschen in mutwilliger Ignoranz des filigranen Wechselspiels von Erdatmosphäre, Ozeanen und Landmasse handeln. Sie nehmen dabei Folgen in Kauf, mit denen unsere Kinder und Kindeskinder werden leben und für die sie mit ihrer Gesundheit und ihrem Wohlbefinden werden bezahlen müssen.

Und manchmal vergesse ich, dass die Mächtigen ihre Macht nur in den seltensten Fällen dafür einsetzen, denen zu helfen, die sich nicht selbst helfen können.

Ich vergesse diese Dinge gelegentlich, weil, ganz gleich wie groß die Welt sein mag – in unseren Herzen, unserem Verstand und unseren überdimensionalen digitalen Karten –, das Universum einfach noch viel größer ist. Für manche ist das ein deprimierender Gedanke – für mich ist es eine Befreiung.

Denken Sie an einen Erwachsenen, der sich um die Nöte eines kleinen Kindes kümmert: verschüttete Milch, ein kaputtes Spielzeug, ein aufgeschrammtes Knie. Als Eltern wissen wir, dass Kinder noch keine Vorstellung haben, was ein echtes Problem darstellt, da die fehlende Erfahrung ihre kindliche Perspektive stark einschränkt. Kinder wissen noch nicht, dass die Welt sich nicht um sie dreht.

Trauen wir als Erwachsene uns selbst einzugestehen, dass auch wir in unserer Sichtweise von einer kollektiven Unreife geprägt sind? Trauen wir uns einzugestehen, dass unser Denken und Handeln aus dem Glauben entspringen, die Welt drehe sich um uns? Offenkundig nicht. Dabei gäbe es Beweise zuhauf. Teilen Sie den Vorhang der rassischen, ethnischen, religiösen, nationalen und kulturellen Konflikte in der Gesellschaft, und Sie werden feststellen, dass es das menschliche Ego ist, das an den Stellschrauben dreht und die Fäden in der Hand hält.

Stellen Sie sich nun eine Welt vor, in der jeder, vor allem aber Menschen mit viel Macht und Einfluss, eine erweiterte Sicht unserer Stellung im Kosmos hat. Mit dieser Perspektive würden unsere Probleme schlagartig schrumpfen – oder gar nicht erst aufkommen – und wir könnten unsere irdischen Differenzen feiern und das Verhalten unserer Vorfahren vermeiden, die sich wegen dieser Differenzen gegenseitig umzubringen pflegten.

▪

Im Januar 2000 gab es im runderneuerten Hayden Planetarium in New York einen Raum mit dem Namen *Passport to the Universe.** Dieser Raum führte die Besucher auf eine virtuelle Reise vom Planetarium hinaus bis zum Rand des Kosmos. Unterwegs sah das Publikum, wie zuerst die Erde, dann das Sonnensystem, dann die hundert Milliarden Sterne der Milchstraße immer kleiner wurden, zu kaum sichtbaren Punkten an der Kuppel des Planetariums schrumpften.

Innerhalb eines Monats nach der Eröffnung bekam ich einen Brief von einem Psychologieprofessor einer der Ivy-League-Universitäten, der Experte für Dinge war, die den Menschen das Gefühl geben, unbedeutend zu sein. Ich hatte bis dahin nicht gewusst, dass man dergleichen als Spezialgebiet erforschen konnte. Er wollte den Besuchern einen »Vorher-nachher«-Fragebogen vorlegen, um die Tiefe ihrer Depression nach dem Besuch der Show bewerten zu können. *Passport to the Universe,* so schrieb er, rief die dramatischsten Gefühle von Winzigkeit und Bedeutungslosigkeit hervor, die er je erlebt hatte.

Wie konnte das sein? Jedes Mal, wenn ich diese Weltraumshow sehe (und andere, die wir produziert haben), be-

* *Passport to the Universe* wurde geschrieben von Ann Druyan und Steven Soter, die zugleich Co-Autoren der von Ihrem Autor präsentierten Fox-Miniserie *Cosmos: A SpaceTime Odyssey* aus dem Jahr 2014 waren. Sie gehörten auch zusammen mit Carl Sagan zum Team der Original-Miniserie von PBS, *Cosmos: A Personal Voyage* aus dem Jahr 1980.

komme ich das Gefühl, voller Leben, inspiriert, Teil von etwas zu sein, wohl wissend, dass es die Leistung des drei Pfund schweren, menschlichen Gehirns ist, die uns in die Lage versetzt, uns unseren Platz im Universum vorzustellen.

Gestatten Sie mir die Feststellung, dass es nicht ich, sondern der Professor war, der die Natur missverstanden hatte. Ohne Zweifel besaß er ein ausgeprägtes Ego, aufgebläht mit Vorstellungen von der eigenen Bedeutung und genährt durch die kulturell bedingte Annahme, der Mensch sei wichtiger als alles andere im Universum.

In aller Fairness sei gegenüber dem Kollegen festgehalten: Die allermeisten von uns sind anfällig für mächtige gesellschaftliche Kräfte. Das war bei mir nicht anders, bis zu dem Tag, als ich im Biologieunterricht lernte, dass die Zahl der Bakterien, die in jedem Zentimeter meines Dickdarms wohnen und wirken, größer ist als die Zahl der Menschen, die jemals auf der Erde gelebt haben. Derlei Informationen bringen dich schon zum Nachdenken, wer – oder was – denn nun eigentlich das Sagen hat.

Von dem Tag an begann ich, die Menschen nicht mehr als Herrscher über Raum und Zeit zu sehen, sondern als Glieder einer großen, kosmischen Kette des Lebens, mit direkter genetischer, alle lebenden und ausgestorbenen Spezies umfassenden Verbindung, die fast vier Milliarden Jahre bis zu den ersten Einzellern auf der Erde zurückreicht.

Ich weiß, was Sie jetzt denken: Wir sind doch klüger als Bakterien.

Das steht außer Zweifel, wir sind klüger als jede Kreatur, die sich jemals laufend, krabbelnd oder kriechend über die Erde bewegte. Aber was heißt das eigentlich? Wir kochen unsere Nahrung. Wir schreiben Gedichte und komponieren Musik. Wir betreiben Kunst und Wissenschaft. Wir sind gut in Mathe. Und wenn Sie schlecht in Mathe sind, sind Sie höchstwahrscheinlich immer noch deutlich besser als der klügste Schimpanse, dessen genetische Identität von der unseren nur minimal abweicht. Sosehr sich die Primatenforscher auch bemühen werden: Sie werden einem Schimpansen niemals Bruchrechnen oder Trigonometrie beibringen.

Wenn schon kleine genetische Unterschiede zwischen uns und unseren Verwandten bei den Affen scheinbar riesige Unterschiede in der Intelligenz begründen, dann ist der Intelligenzunterschied vielleicht gar nicht so riesig.

Stellen Sie sich eine Lebensform vor, deren Gehirnleistung sich zu unserer verhält wie die unsere zu der der Schimpansen. Für eine solche Spezies wären unsere größten geistigen Errungenschaften ein Klacks. Ihre lieben Kleinen würden nicht das ABC in der Sesamstraße lernen, sondern Integralrechnung und boolesche Funktionen.* Unsere komplexesten

* Boolesche Algebra ist ein Zweig der Mathematik, bei dem es um Werte für »wahr« oder »falsch« in den Variablen geht, üblicherweise dargestellt durch 0 und 1, ein grundlegendes Element in der Welt der Computer. Der Name geht auf den englischen Mathematiker George Boole aus dem 18. Jahrhundert zurück.

Theoreme, unsere tiefgründigsten Philosophien, die bedeutendsten Werke unserer kreativsten Künstler, all dies wären Projekte, die Schulkinder für Mama und Papa mit nach Hause bringen und die mit dem Magneten stolz am Kühlschrank aufgehängt würden. Diese Wesen würden Stephen Hawking studieren (der in Cambridge den Lehrstuhl besetzt, auf dem einst Isaac Newton lehrte), weil er ein bisschen gescheiter ist als der Rest der Menschheit. Warum? Er ist in der Lage, theoretische Astrophysik und andere rudimentäre Berechnungen im Kopf zu tätigen, wie Klein-Timmy, der gerade aus der Alien-Vorschule nach Hause kommt.

Läge eine riesige genetische Kluft zwischen uns und unseren nächsten Verwandten im Tierreich, könnten wir unseren brillanten Geist vielleicht zu Recht bejubeln. Wir dürften dann herumlaufen und denken, wir seien unseren Mitkreaturen wirklich haushoch überlegen und vollkommen anders als diese. Diese Kluft gibt es aber nicht. Wir sind vielmehr eins mit dem Rest der Natur, wir stehen nicht über oder unter ihr, wir stehen mittendrin.

Noch ein paar Dämpfer fürs Ego gefällig? Simple Vergleiche hinsichtlich Anzahl, Größe und Maßstab können einem die Augen öffnen.

Nehmen wir Wasser. Es ist allgegenwärtig und lebenswichtig. Ein einziges Glas Wasser enthält mehr Wassermoleküle als sämtliche Ozeane der Welt an 0,2-l-Einheiten Wasser enthalten. Jedes Glas, das durch eine einzelne Person rinnt und am Ende wieder in die Weltwasserversorgung – im wahrsten Sinne des Wortes – einfließt, enthält genug Wassermoleküle, um 1500 davon in jedes Glas Wasser auf der Welt zu mischen. Man kann es drehen und wenden, wie man will: Ein winziger Teil des Wassers, das Sie gerade getrunken haben, ist auch schon durch die Kehlen und Nieren von Sokrates, Dschingis Khan und Johanna von Orleans geflossen.

Wie steht's mit der Luft? Die ist nicht minder lebenswichtig. Ein Atemzug voll enthält mehr Luftmoleküle, als es Atemzüge voll in der gesamten Atmosphäre der Erde gibt. Was nichts anderes bedeutet als: Ein Teil der Luft, die Sie gerade atmen, hat auch schon die Lungen von Napoleon, Beethoven, Abraham Lincoln und Billy the Kid passiert.

Zeit, in kosmischen Dimensionen zu denken. Es gibt mehr Sterne im Universum als Sandkörner an allen Stränden der Welt, mehr Sterne als Sekunden, die seit der Entstehung der Erde vergangen sind, mehr Sterne als Wörter und Geräusche, die die versammelte Menschheit aller Epochen jemals von sich gegeben hat.

Wie wär's mit einem fernen Blick in die Vergangenheit? Die Entfaltung unserer kosmischen Perspektive führt Sie zwangsläufig dorthin. Licht braucht Zeit, um aus den Tiefen des Weltalls unsere irdischen Observatorien zu erreichen, deshalb sehen wir Objekte und Phänomene nicht, wie sie sind, sondern wie sie einstmals waren, und einstmals heißt bis zurück fast zum Anbeginn der Zeit selbst. Innerhalb dieses Verstandeshorizonts entfaltet sich die kosmische Evolution kontinuierlich, vor unser aller Augen.

Sie wollen wissen, woraus wir gemacht sind? Auch hier liefert die kosmische Perspektive eine größere Antwort, als Sie vielleicht erwarten. Die chemischen Elemente des Universums werden in den Feuern massereicher Sterne gebildet, die ihr Leben in gewaltigen Explosionen aushauchen und dabei ihre Heimatgalaxien mit dem chemischen Arsenal des Lebens ausstatten, wie wir es kennen. Das Resultat? Die vier häufigsten chemisch aktiven Elemente im Universum – Wasserstoff, Sauerstoff, Kohlenstoff, Stickstoff – sind die vier häufigsten Elemente des Lebens auf der Erde, wobei der Kohlenstoff die Grundlage der Biochemie darstellt.

Wir leben nicht einfach nur in diesem Universum. Das Universum lebt in uns.

Gleichwohl sind wir vielleicht gar nicht von dieser Erde. Betrachtet man jetzt verschiedene separate Forschungsansätze gemeinsam, kommt die Wissenschaft nicht umhin, neu zu bewerten, wer zu sein und woher zu kommen wir glauben. Wie bereits erwähnt, können beim Einschlag eines großen Asteroiden auf einem Planeten durch die dabei frei werdenden Energien Gesteinsbrocken aus der Umgebung des Einschlagsgebiets zurück ins All katapultiert werden. Von dort können diese bis zu anderen Planeten fliegen – und auf diesen landen. Außerdem können Mikroorganismen einiges vertragen. Manche von ihnen sind gar Extremophile, die eine weite Spanne an Temperatur, Druck und Strahlung überleben, wie sie ihnen bei ihrer Reise durchs All begegnen werden. Stammt der Auswurf eines solchen Einschlags von einem belebten Planeten, könnte auch mikroskopische Fauna in den Ritzen und Nischen des Felsbrockens mitgereist sein. Drittens lassen neuere Erkenntnisse darauf schließen, dass kurz nach der Bildung unseres Sonnensystems der Mars ein nasser und vielleicht sogar fruchtbarer Planet war – lange bevor dies für die Erde galt.

In der Gesamtheit sagen uns diese Forschungsergebnisse: Es ist durchaus vorstellbar, dass das Leben in Wirklichkeit auf dem Mars begann und sich erst später auf der Erde ansiedelte – der Fachausdruck dafür lautet Panspermie. Es könnte – könnte! – folglich sein, dass wir Erdlinge allesamt Abkömmlinge von Marsianern sind.

▪

Über die Jahrhunderte haben kosmische Entdeckungen immer wieder unser erhabenes Selbstbild nach unten korrigiert. Die Erde galt einst als astronomisch einzigartig, bis die Astronomen herausfanden, dass sie nur einer von mehreren Planeten ist, die um die Sonne kreisen. Dann dachten wir, die Sonne sei einzigartig, bis wir erfahren mussten, dass die zahllosen Sterne am Nachthimmel selbst alle Sonnen sind. Dann gingen wir davon aus, unsere Galaxie, die Milchstraße, bilde das komplette bekannte Universum, bis wir entdeckten, dass die zahllosen unscharfen Dinge am Himmel andere Galaxien sind, die die Landschaft unseres bekannten Universums zieren.

Wie einfach ist es da heute anzunehmen, das eine Universum, das wir kennen, sei auch wirklich das einzige. Aufkommende Theorien der modernen Kosmologie sowie die immer weiter bestätigte Unwahrscheinlichkeit, dass auch nur irgendetwas einzigartig sei, zwingen uns, für den letzten Anschlag auf unser Plädoyer für Einmaligkeit offen zu bleiben: das Multiversum.

▪

Die kosmische Perspektive ergibt sich aus unserem fundamentalen Wissen. Dabei geht es aber um mehr als das, was man wirklich weiß. Es geht darum, die Weisheit und Einsicht zu besitzen, dieses Wissen auf die Beurteilung unserer Stellung im Universum anzuwenden. Und ihre Attribute sind deshalb klar:

Die kosmische Perspektive entspringt aus der Welt der Wissenschaft, ist aber nicht die alleinige Domäne des Wissenschaftlers. Sie gehört jedem Einzelnen.

Die kosmische Perspektive ist demütig.

Die kosmische Perspektive ist spirituell, kann sogar erlösend sein, aber nicht religiös.

Die kosmische Perspektive ermöglicht uns, in einem einzigen Gedanken das Große und das Kleine zu erfassen.

Die kosmische Perspektive öffnet unseren Verstand für ungewöhnliche Ideen, lässt diese aber nicht so offen, dass unsere Gehirne überlaufen und uns so anfällig dafür machen, alles zu glauben, was uns erzählt wird.

Die kosmische Perspektive öffnet uns die Augen für das

Universum, nicht als wohlgefällige Wiege, die das Leben hervorbringt, sondern als kalten, einsamen, gefährlichen Ort, der uns zwingt, den Wert jedes Einzelnen für seine Mitmenschen neu zu bewerten.

Die kosmische Perspektive zeigt uns, dass die Erde nicht mehr ist als ein Staubkorn. Aber es ist ein kostbares Staubkorn und vorerst die einzige Heimat, die wir haben.

Die kosmische Perspektive sieht die Schönheit in Bildern von Planeten, Monden, Sternen und Nebeln, huldigt aber auch den Gesetzen der Physik, die diesen ihre Form geben.

Die kosmische Perspektive erlaubt uns, über den Tellerrand hinauszublicken und damit über den Vorrang der Suche nach Nahrung, Unterkunft und Partnerschaft hinaus zu transzendieren.

Die kosmische Perspektive erinnert uns daran, dass im Weltraum, wo es nun mal keine Luft gibt und keine Flagge wehen kann, Flaggenschwingen und die emsige Erforschung des Weltraums vielleicht nicht so gut zusammenpassen.

Die kosmische Perspektive akzeptiert nicht nur unsere genetische Verwandtschaft mit allem Leben auf der Erde, sondern weiß ja auch unsere chemische Verwandtschaft mit jedem noch zu entdeckenden Leben im Universum zu schätzen, ebenso wie unsere atomare Verwandtschaft mit dem Universum als solchem.

Mindestens einmal in der Woche, wenn nicht gar täglich, könnten wir uns überlegen, welche kosmischen Wahrheiten noch unentdeckt vor uns liegen und vielleicht nur auf einen klugen Denker, ein geniales Experiment oder eine innovative Weltraummission warten, um enthüllt zu werden. Weiter könnten wir uns fragen, wie derlei Entdeckungen eines Tages das Leben auf der Erde durchgreifend verändern könnten.

Ohne derlei Neugierde unterscheidet uns nichts vom provinziellen Farmer, der keine Notwendigkeit sieht, über den eigenen Acker hinauszublicken, weil er auf seinen 15 Hektar alles hat, was er braucht. Hätten alle unsere Ahnen so gedacht, wäre der Farmer nie Farmer geworden, sondern ein Höhlenbewohner geblieben, der sein Abendessen mit Steinschleuder und Keule erjagen müsste.

Während unseres kurzen Gastspiels auf dem Planeten Erde schulden wir uns und unseren Nachfahren die Gelegenheit zu forschen – teilweise auch, weil es einfach Spaß macht. Aber es gibt noch einen viel edleren Grund. An dem Tag, an dem unser Wissen über den Kosmos zu wachsen aufhört, laufen wir Gefahr, auf die kindliche Ansicht zurückzufallen, das Universum würde sich nicht nur bildlich gesprochen, sondern wortwörtlich um uns selbst drehen. In dieser trostlosen Welt würden Waffen tragende, nach Ressourcen lechzende Menschen und Nationen dazu neigen, auf der Basis ihrer »niedrigen Vorurtheile« zu handeln. Und das wäre der letzte Atemzug der menschlichen Aufklärung – bis zum Aufkommen einer visionären neuen Kultur jedenfalls, die erneut imstande wäre, die kosmische Perspektive nicht etwa zu fürchten, sondern mit offenem Geist aufzunehmen.

DANK

Meine unermüdlichen Redakteure in all den Jahren, in denen diese Essays entstanden, waren Ellen Goldensohn und Avis Lang beim *Natural History* Magazin – beide haben es zu jeder Zeit geschafft, dass ich auch wirklich sagte, was ich meinte, und meinte, was ich sagte. Mein wissenschaftlicher Redakteur war mein Freund und Princeton-Kollege Robert Lupton, der mehr wusste als ich, und zwar auf allen Gebieten, auf die es besonders ankam. Ich danke außerdem Betsy Lerner für ihre Vorschläge zum Manuskript, die den Inhalt insgesamt entscheidend verbesserten.

REGISTER